与最聪明的人共同进化

HERE COMES EVERYBODY

CHEERS

CHEERS
湛庐

［加］克里斯·贝利 Chris Bailey　著

林文韵 杨田田　译

在忙乱的世界找回平静

HOW TO
CALM YOUR MIND

浙江教育出版社·杭州

测一测

你了解如何修炼"稳定的内核"吗?

扫码加入书架
领取阅读激励

扫码获取
全部测试题及答案,
了解如何在忙乱的
世界找回平静。

- 焦虑是哪种连续变化的过程?

  A. 从"不焦虑"到"极度焦虑"

  B. 从"极度平静"到"极度焦虑"

- 过于追求成就反而会降低工作效率吗?

  A. 是

  B. 否

- 以下哪种情况出现说明你陷入了超常刺激依赖(超常刺激依赖:
  将天性中喜欢的东西再次放大,让人总想体验)?(单选题)

  A. 无法忽略手机通知,随时查看电子邮件

  B. 一下飞机就重新联网,迫切想要知道错过了哪些信息

  C. 如果开会前有几分钟的空闲时光,会拿出手机随便点点

  D. 以上皆是

扫描左侧二维码查看本书更多测试题

我们为什么需要平静

我本来并没有打算写这本书。只因几年前，我陷入了严重的倦怠状态。在一次面对一百多名观众发表演讲时，我又一次陷入焦虑。随后，出于心理健康考虑，我毅然投入了有关"平静"这一主题的科学研究中。我翻阅学术期刊文章，与研究人员交流，亲身试验各种方法，以期让自己的内心平静下来。

我以教人如何提高工作效率为生，并乐此不疲。然而，在我深受倦怠和焦虑困扰的时候，我意识到了一个问题：如果践行这些所谓的高效策略让我自己感到疲惫和焦虑，那么我有什么资格给别人提出类似建议呢？我心想，一定有什么关键因素被我忽视了。

不出所料，在深入探索"平静"这个领域后，我的认知被完全颠覆了。虽然我是出于自我保护的目的开始研究的，但很快，我对"平静"的好奇心就变得无法抑制了。我发现，人们对于平静这种心境的理解存在巨大误解，甚至有些人根本不理解。比如，平静的反面其实是焦虑，它确实是我们需要应对的问题，但很多导致焦虑的因素都隐藏在表面以下难以识别，更不用说控制了。

我相信，体会到高于正常水平的焦虑感的人肯定不止我一个。如果你也感到焦虑，不要对自己过于苛责，有这样困扰的人不止你一个。焦虑和压力的部分来源显而易见，比如经济下行、工作上日益提高的要求以及一些地区战争的新闻，但还有许多其他源头（包括本书中会讨论的一些因素）并不明显。这些源头包括我们对于成就的追求、隐藏在日常生活中的各种无形压力、无处不在的"超常刺激"、6个"倦怠因素"、个人的"刺激程度"、数字世界和真实世界之间的时间配比，甚至我们的饮食习惯等。这些焦虑源就像我们在追求平静的冒险之旅中会遭遇到的怪兽。

在这本书中，我会详细阐述以上这些观点，深入探讨"平静"这个话题。你会发现，克服焦虑和倦怠并重获平静有很多实用的策略和方法，其中多数都是可以直接付诸实践的。

随着对如何抵御压力和倦怠，以及如何寻找内心的平静的探索逐渐深入，我终于松了一口气，我意识到一直以来我所推崇的高效工作建议并没有错，只是忽略了效率拼图中关键的一块。

探索各种提高效率的技巧或方法本身是有意义的。有效的效率建议（有很多所谓的建议其实十分空洞）可以帮助我们把握时间、集中注意力和精力，从而让我们腾出精力和时间从事更重要的事情。这无疑能让我们减轻压

在忙乱的世界找回平静

力，更能自如应对各种事务，让生活更充实。我们有太多工作需要兼顾了，因此，提高效率比以往任何时候都更重要。

但同时，我们也不能一味地在生活和工作中追求高效，因为在快节奏的生活中，我们往往意识不到自己的工作效率可能正在因为焦虑和倦怠而下降。

付出时间和精力寻找内心的平静，才是维持甚至提升效率的有效方法。

找到内心的平静并战胜焦虑，能让我们感到更加自在和放松，同时也能让我们在心灵深处找到归属感。拥有平静就像在我们内心建立了一个更大的能量储备库，我们可随时从中汲取力量，让工作更高效，也让生活更美好。在日常生活中注入更多的平静元素能让我们在工作与生活中都获得源源不断的持久动力，持久动力往往就是效率拼图中缺失的那一块。当我接触到有关平静的观点后，我感觉自己之前提出的关于提高效率的一条条建议就像一块块拼图，都找到了它们专属的位置，伴随着一声声令人愉悦的"咔嗒"声，一个完整无缺的画面拼接而成了。

追求平静的过程也有效减轻了我的焦虑和倦怠，这让我的工作效率大幅提升。有了平静和清晰的思绪，写作这件事变得更轻松了，我也能更快地将不同想法融会贯通。以往只能写几百字的时间内，我现在能写出几千字。焦虑的减少让我自己变得更加有耐心，可以更加聚精会神地听取他人的意见，更加专注于正在做的事情。我思维敏锐，思路清晰，行动有条不紊，也不再为外部事件而烦心。我找到了自己行动背后的目的，每一天都因此变得更加有意义。

实际上，保持平静确实对提高效率大有裨益。不管你的情况如何，哪怕你的时间、预算和精力有限，你也能够实现平静。这本书会教给你一系列策略，帮助你找回平静、提升效率。

由此可以得出一个令人兴奋的结论：即使不考虑平静带来的心理健康方面的诸多益处，减轻焦虑这件事也是值得我们花时间的。平静能让我们更加高效，因此在追求平静的过程中所花费的时间将为我们带来更多的回报。在第 7 章中，你会看到平静能为我们节省多少时间。

我把自己在追寻平静的过程中学到的一切记录了下来，初步形成了本书的大致脉络。起初，我对于写这本书有些犹豫，因为一旦要写就意味着我要把自己经历中最艰难、最隐私的部分公之于众。然而在我们的生活中，焦虑和倦怠现象太过普遍，不能不谈。因此，希望通过分享我在这个过程中汲取的经验教训，能为你铺平通往平静的部分道路。

我们正处在一个焦虑重重的时代。如果你的生活并没有与世隔绝，那么你会发现似乎有很多事情会让我们担忧。保持内心平静不是无视焦虑泛滥这个现实。相反，平静是在给予我们适应这个瞬息万变的世界所需的韧性、能量以及耐力。最初，我追求平静是为了克服焦虑，但后来我意识到，平静是让我在做任何事情时更加全神贯注的秘密武器。平静能提升我们的工作效率，因此我们不应因为追求平静而产生负罪感。

表面上看，平静与充满激情的高效工作方法背道而驰。然而，就像面包中的酵母和美食中的盐一样，哪怕是一丁点的平静也能提升我们的生活质量，帮助我们感受当下并获得幸福感。而更多平静则能带来更多益处，让我们更加专注、自在地做每一件事。保持平静就像给我们的生活立根基，让我们更加投入、笃定地行动。它不仅让生活更有乐趣，还能帮我们节省时间，有什么比这更棒的呢？

希望你读完这本书后能获得和我一样的体悟：

在一个充满纷扰的世界里，达到内心平静是最精妙绝伦的"人生窍门"。

第二部分

在焦虑的世界找回平静

第三部分

让平静成为一种能力

HOW TO
Calm Your Mind

FINDING PRESENCE AND PRODUCTIVITY
IN ANXIOUS TIMES

引 言

平静比高效更值得追求

直到几年前我才逐渐意识到，平静是一种值得追求的能力。通常情况下，每一次平静的感觉都是偶然间发现的，比如当我远离工作，在多米尼加的海滩上放松时，在节日里被亲人包围时，或者在即将开启一个长长的周末发现自己没有工作计划和任务时，平静的感觉就会突然降临。

　　除了这样偶然的幸福时刻，平静并不是我所追求的对象，我也没有发现它有足够的吸引力让我徐徐图之，甚至没有太在意它的存在。但是在我经历了完全丧失平静的生活后，情况发生了彻底的改变。改变是从我在前言中提到的那次恐慌发作开始的，事情发生时我正站在讲台上。

　　现在回想起来，我竟然可以确切地说出所有平静的痕迹都从生活里消失殆尽的具体日期（甚至可以精确到几点几分）！平静似乎在一瞬间彻底消失了，这种感觉就像旧公寓里的一个铸铁浴缸砸穿地板掉落下来时给人的感受。

数年来，因为工作原因我需要经常出差，由此带来的压力不断累积，致使曾经淡淡的焦虑逐步增加。当我站上讲台，面对一百多名观众发表演讲时，这种焦虑终于彻底爆发，造成了一次完全失控的恐慌。

演讲前等待上台时，我就感觉出哪里不对劲。我发现自己思绪不宁，一阵眩晕感袭来，我感觉自己随时都有可能倒下。所幸这时主持人喊了我的名字，我猛然回过神来。

我飞快走上台阶，拿起翻页器，集中精神开始演讲。刚开始的一两分钟我感觉很好，眩晕感也消退了。然而没过多久，一种不由分说的沉重感突然吞噬了我的整个身心，让我坠入了紧张的深渊。

我感觉就像有人把满满一瓶恐惧水注入了我的大脑。好像嘴里含了十几颗弹珠一样，我结结巴巴、跌跌撞撞地说着每一个词，后背也开始频频冒出冷汗。我心跳加速，又一次感觉要晕倒了，演讲前的那种眩晕感再次袭来。

我磕磕绊绊、机械地继续往下讲，双手紧紧抓着讲台，生怕自己会跌倒。我向前来听讲的观众道歉，借口说自己出汗和结巴是因为得了重感冒，幸好观众相信了。这个理由足以让我同情一下自己，让我能硬着头皮完成剩下的演讲。但我的内心仍然想要放弃，恨不得一走了之。最终我坚持讲完了，不出所料，观众反响平平。

于我而言，这已经是一场胜利了。

演讲一结束，我便低着头离开会场，直奔酒店房间，一头扑倒在大床上。心情稍稍平复后，我回想了一下当天的经历。时间变得模糊，一连串的事情重叠在一起，完全无法区分。当我竭尽全力回顾自己在台上颤颤巍巍的样子时，不由得双拳紧握。这段记忆实在让我如坐针毡。

我又回忆了一下前一天晚上到达酒店时的情形。

那段时间我一直在四处奔波。在经历了一天的长途跋涉后，我终于踏入了酒店房间，然后开始泡澡。在外出差时我最喜欢的放松方式就是泡澡，外加点大量的外卖。如果演讲的前一天晚上有足够的时间，我都会在浴缸里泡个澡，同时听一些乏味的播客节目，并为按时到达目的地而欣慰。

在这次演讲的前一天晚上，我照例坐在浴缸里陷入沉思，浴缸里的水开始慢慢变冷。我的目光在浴室里游荡，先停留在水槽下面架子上的吹风机上，然后掠过一排散发着香味的洗发水和护发素小瓶子，最后落在了浴缸排水口和水龙头之间的圆形金属溢流板上。

板上映出的我的面孔，因为金属溢流板的弧度而变得扭曲。如果你曾经在手机上划错了应用程序，不小心点开了前置摄像头，那么你十有八九还记得冷不丁看到自己那张脸映入眼帘时的惊恐。我看到金属溢流板上自己的倒影时也有这种反应。倒影里的我看起来是那么惆怅、疲惫，最糟糕的是，我整个人就像完全被掏空了一样。我记得当时在心里想：

我现在的状况真的不怎么好。

在这之前的几年里，我一直着迷于提升效率，那天的演讲话题也和效率有关。"效率"这个主题是我职业生涯的根基，甚至也可以说是我人生的内核。即使在我踏上追寻平静之旅并写下这本书后，效率依然是我的热情所在，虽历经变化，但我依然给予它在我生命中应有的重要地位。

　　　　　　　　　　　　　　　在忙乱的世界找回平静

但在那一刻，另外一件事变得异常明显。我在探索效率这条道路上已经走了很远，但是我却没有为追求高效设定明确的边界。我时常感到焦虑、倦怠、精疲力竭。压力充斥着我生活的方方面面，不断累积却无处释放。

我努力把自己的思绪从演讲前的白日梦中拉了回来，慢慢地从床上爬起来，收拾好行李，把白衬衫换成连帽衫，戴上耳机，带着些许沮丧走到火车站，踏上回家的旅程。

在火车上，我更仔细地回顾了我的过去。

回首过往

在我剖析自己的处境时，有一件事让我困惑。我一直认为，演讲中途突发恐慌这类事件之所以发生，是因为我在保持身心健康这件事上不够投入。但事实上，我一直都很重视自己的身心健康，并且自认为在这方面做得很好。

网上有各种各样的建议教导在职场中打拼的人如何安抚自己的身心。在那次恐慌事件发生之前，我根据这类建议尝试过很多，包括每天冥想（通常每次 30 分钟），每年参加一两次闭关静修，每周健身数次，做按摩，偶尔和我妻子去做水疗，以及读书、听播客，甚至在出差期间泡澡（通常是在尽情享用一顿印度美食之后）。我一直认为对身心健康的关注能降低追求高效生活带来的压力，使投入产出比最优化，这也正是"效率"的核心。

我以为做到这些已经足够了，我甚至觉得自己能做到这一切实属幸运，因为不是每个人都能这样奢侈和有这样的特权，可以有一周的假期脱离纷扰参加闭关静修，或有闲钱每月做几次按摩。我在这些身心健康项目上花费了大量宝贵的时间和金钱，所以我十分惊讶，怎么这些轻微的忧虑感有一天会转化成彻底爆发的焦虑症。

我意识到自己需要更深入地找寻平静。因此我踏上了一段新的旅程，最终有了呈现在读者眼前的这本书。

我喜欢在每年年底的假期展望未来的一年，思考在新的一年中我想要完成哪些事情。每年年底我都会设定在新的一年中与工作有关的 3 个目标，包括我希望这一年要完成的项目、期待的业务增长领域以及想要完成的其他里程碑事件。我还会想象一下到下一年年底我的个人生活状况会发生哪些变化，以及我的 3 个年度目标的完成情况。我发现这件事既有趣又有益，就像在大脑中按下了快进键，让我们有机会想象一个尚未创造出的未来。

那一年的 3 个工作目标并不难实现，因为所涉及的都是我已经着手在做的项目，包括写一本关于冥想和效率的有声书（有截止日期），确保这一年要做的演讲都既有趣又有益（这些演讲都已经安排好了），以及成功创建并运营一个个人播客（这年头，谁还没有个播客呢？）。

我通常也会设定 3 个"宏伟"的个人目标，但经历了那次不合时宜的"惊魂事件"后，我把个人目标缩减到了一个，即弄清楚如何照顾好自己的身心。为了实现这个目标，我转而将自己的思考聚焦到一个简单的问题上——

怎样才能获得持久的内心平静？

本书内容概要

一开始，我的诉求很简单，我只想让自己混乱的心绪平静下来。但随着研究的深入，我对效率和平静以及相关概念的看法逐渐产生了巨大改变，这一点很意外。在接下来的章节中，我将为大家一一介绍我学到的一些经验教训，主要包括：

- 平静和焦虑是完全相反的状态，但若不花时间找回平静会加剧焦虑。

- 对成就的不懈追求反而使我们的效率降低，因为久而久之，这种不懈追求会导致慢性压力、倦怠和焦虑的产生。

- 对于大多数人而言，造成倦怠的原因并不是我们自身的问题，并且我们可以通过科学的方法克服倦怠。我们还可以通过具体的方法来解析倦怠现象，帮助你更好地了解自身的情况，比如衡量你在 6 个 "倦怠因素" 中的表现，以及留意自己的 "倦怠阈值"。

- 在现代社会，我们都需要面对平静的一大劲敌，即对多巴胺的渴望。多巴胺是人脑中的一种神经递质，可导致我们对自身的过度刺激。我们通常会接触很多刺激多巴胺分泌的因素，这些因素数量的多寡决定了我们的 "刺激程度"（stimulation height）。降低刺激程度能使我们更接近平静。

- 生活中的许多压力的源头都隐藏在我们的视野之外，但 "刺激戒断"（stimulation detox）（有时也被称为 "多巴胺排毒"）这个有趣方式可以帮助我们与这些压力源隔离开来。重置大脑对刺激的耐受力可使我们变得更加平静，从而减轻我们的焦虑和倦怠感。

- 几乎所有带给我们平静的习惯都来自现实世界。我们在现实世界中花费的时间越多，我们就越趋于平静。现实世界能为我们带来最佳的放松效果，让我们能按照亘古以来大脑的运作方式行事。

● 我们完全可以做到既高效又平静。当我们有意识、有目的地工作
而不是让注意力同时被拽向多个方向时，我们的效率会大大提
高。我们甚至可以通过一些方法计算努力追求平静能为我们节省
多少时间。

在以上探讨与平静有关的 7 条经验中，促使我转变心态的关键一点就是
平静与效率之间的关系。**在一个过度焦虑的世界里，我越来越相信，想要拥
有高效的工作状态，保持平静是必备特质。**

在探索平静的过程中，我发现了无数策略、观点以及转变心态的方法。
我们可以通过这些策略和方法找到生活中的平静，即使在最忙碌的日子里也
可以做到。

我会在书中逐一分享这些策略和观点。我会讨论现代社会的两大焦虑源
头，即"贪多心态"和我们成为"超常刺激"（superstimuli）受害者的倾向。
超常刺激指那些我们本能喜欢的事物经过高度加工和夸大后呈现的样子。我
将探讨这些因素如何导致我们过上了以追求多巴胺的分泌为目标、对非正常
的慢性压力习以为常的生活。我也会分享自己探索平静过程中的奇妙故事以
及发现的有趣观点，当然我还会分享一些应对这些倾向的实操建议。

探讨了促使我们失去平静的因素之后，我将更深入探索如何让我们的生
活充满平静，其中所涵盖的主题包括压力背后的原理、常见的"焦虑释放窗
口"有哪些、为什么我们不应该因为把时间和精力花在追求平静上而感到内
疚，以及其他可用于克服焦虑的具体策略。在这本书中，我还会分享我以自
己为观察对象并意识到的东西，包括区分在哪些时间和场合需要关注效率，
进行为期一个月的刺激戒断实验，以及重设自己对咖啡因的耐受性。

我想先从一个与我密切相关的重要话题开始。你可能已经猜到了，这个话题就是效率。为了找到平静，我需要建立一种更健康的追求高效生活的方式。

HOW TO
Calm Your Mind

FINDING PRESENCE AND PRODUCTIVITY
IN ANXIOUS TIMES

第一部分

是什么让我们与平静渐行渐远

没有界限，

对成就的迷恋就会

让我们与平静渐行渐远，

这反而会降低我们的效率。

HOW TO
Calm Your
Mind

FINDING PRESENCE AND PRODUCTIVITY
IN ANXIOUS TIMES

第 1 章

迷恋成就

我们如何度过每一天，就代表着我们如何度过一生。

——安妮·迪拉德（Annie Dillard）

要谈平静，就不得不先谈成就以及我们如何通过成就塑造自己的身份。在很大程度上，我们的身份主要由我们对自己的认知和他人对我们的评价所构成。

假设你的一生是一盘录像带，里面记录了你经历过的所有成功和挑战。你可以快速倒放这盘带子，一直到你尚未形成自我认知的阶段。那时的你还只是一个孩子，像雪球摆件里的小人一样好奇地凝望着整个世界。与此同时，你也在积累对自己的认识——吸收世界给你的各种感触和体验，同时形成对自己的理解和定义。

你的眼睛睁得大大的，眼神里充满了好奇，你把脸贴在湿漉漉的草地

在忙乱的世界找回平静

上，还用食指戳草地上的一只青蛙呢。你听到阿姨在和你的爸爸妈妈聊天，他们说你是一个好奇宝宝。这些话并不是对着你讲的，但是此刻，一个关于自己的故事在你的脑海中形成了：

我是个好奇宝宝吗？嗯，我想是的。可是好奇是什么意思呢？

把录像带快进到高一时的一节物理课。物理从来就不是你擅长的科目，可是不知怎的，你的物理老师突然展示了一种神奇方法，你很快明白了世界万物之间相互作用的原理。这时你可能在想：

说不定我有很强的科学思维？我的意思是，我觉得我一直都很讲究逻辑。这说明我是一个怎样的人呢？

再次快进，停在你开始第二份工作的那一周。在一次会议中，你当时的新老板（直到今天他仍是你最喜欢的老板）随口评价说你第一周的工作表现可以用"特别可靠"来评价，还说你似乎总有一种神奇能力可以搞定所有交给你的工作。

我当然是一个很可靠的人，这是我的一部分特质，我本身就是一个可靠且高效的人。

随着时间的流逝，记忆就像证据一样累积，反映出我们正在成为什么样的人，以及我们最终认为自己是怎样的人。

在我自己的人生故事中，我一直认为自己是一个充满好奇、逻辑性强且非常高效的人，这些认知来自我大学刚毕业时进行的一项为期一年的效率项目。在这个项目中，我竭尽所能研究和尝试了各种提升效率的方法。为了尽可能全面地探索"效率"这个主题，我甚至放弃了两份全职高薪工作，整整一年里一分钱也没有挣到。所幸在加拿大，政策允许学生暂缓归还学生贷款，这个项目的开展也变得容易很多。你可以想象，这样一项大胆的尝试，无疑进一步加强了我对自我的认同和理解。

这个项目确实强化了我的一些原本就存在的看法，比如我对"效率科学"有着浓厚的好奇心。尽管它听起来有些奇怪，但迄今为止，这个兴趣仍然存在，甚至比以前更加强烈。

同时我也开始构建其他关于自己的认知，比如我是一个超级高效的人。建立这个身份的基础其实并不稳固，但当我尝试了很多想法和策略后，我看到了更多支持这个身份的证据。这让我更加坚信这个身份认知。

当然，这些证据不仅仅来自我自己。比如有一次，为了测试自己对信息的记忆效果，我在一周内观看了 70 小时的 TED 演讲，TED 组织这样评价我："史上最能高效工作的人。"这让我十分受用。即使我知道这有点夸张，但在采访和演讲前听他人反复提到这句话，无疑影响了我对自己的认知（也让我更加自负）。随着时间的推移，越来越多的溢美之词涌入我的耳朵，让我对自己新建立的身份深信不疑。

我懂得很多关于效率的知识，并且自认为真的学会甚至开发了一些很聪明的工作方法。鉴于我花了那么多时间研究、思考和实验这个话题，你也许会期望我做到了这些。就像木匠会造家具、教师会教书一样，效率研究者应该懂得如何在别人只能完成一点点工作的时间内完成更多的任务。

然而，在我满心欢喜地接受我能高效工作且无人能及的这种想法时，我和很多人一样，根本没想过有一天我会把自己逼到极限。我知道的关于效率的东西也许不少，但也有很多知识盲区。最关键的是，我没有正确地看待效率与我的工作、生活之间的关系。

或许，我比自己认为的更紧张，虽然我不愿意承认，但是为了工作常年四处奔波已经让我不堪重负了。或许，我早就陷入了一个不切实际的情境当中，它最终只会让我焦虑不安、精疲力竭。如果我能更好地理解生活、工作和效率的关系，也许我就不会落入这样的困境。

理想的情况下，当我们塑造自己的身份时，我们会选择那些经得起时间考验、稳定不变的个人特质，把我们的身份建立在我们最珍视的价值观之上。但现实却常常不是这样，我们可能会选择能让我们能养家糊口的工作作为我们身份的一部分。**一旦工作（或者其他任何东西）成了我们身份的一部分，失去它的时候，我们会觉得像是失去了自己的一部分。**我也走了这条老路，工作在我眼里已经不仅仅是一份责任，而是我身份的一部分。每一封读者的感谢邮件、每一句媒体的推荐语，甚至每一条友好的评价，都像是一个个支点，不断强化我那"超能"的新身份。

不论是深深的疲惫感、演讲台上突如其来的恐慌，还是看到浴缸里金属反射出的我那憔悴的面容，这些生活的细枝末节都让真实的我和我心目中的自我之间出现了裂痕。它们像是一个警钟，清晰地告诉我，那些我一直用来构建自我身份的证据其实根本就不真实。

如果我说所有这些都是我在演讲后乘坐火车回家的途中领悟到的，那我是在夸大事实。但那次旅程让我明白了一件事：我对效率的执着追求已经到了狂热的地步，我赖以行动的基础已经不再稳固，似乎有什么关键要素被我遗漏了。

成就心态

为了帮助你更好地阅读本书，我想请你首先思考一个看似简单到不能再简单的问题：你怎么判断自己的一天过得好不好？

仔细思考这个问题你会发现，从不同的价值视角出发，你衡量一天的方式有无数种。以下是一些我听过的问题，我把对应的价值维度也标注在括号里，你可以据此自我判断一下。

你的一天过得快乐吗？

☐ 你通过个人行为或者你的工作，为他人提供了多大帮助（服务）？

☐ 你完成了待办清单上的多少任务（工作效率）？

☐ 你有多享受这一天的时光（愉悦度）？

☐ 你赚了多少钱（经济上的成功）？

☐ 你对工作或生活的投入程度有多高（投入度）？

☐ 你与他人有多少次深刻而真挚的交流（人际互动）？

☐ 这一天是否让你感到快乐（快乐）？

以上只是一些例子。除了价值观外，你衡量一天的方式可能也受到其他因素的影响，比如，你生活和工作的文化环境、你所处的人生阶段、你的成长背景以及你所拥有的机会，等等。一个由投资银行家父母抚养长大的人对日常生活的评价，可能与一个由开着房车四处漂泊的父母养大的人完全不同。

这个问题其实并没有标准答案。虽然我们大多数人在一天结束时并不会去回顾这一天的情况，不会每天坚持写日记或冥想，但在某种程度上，我们往往会在潜意识里反思这一天过得好不好。只要你享受这一天的时光，并且按照自己的价值观生活，那么不管在他人看来你的日子是充满无情竞争的战场，还是犹如疯狂嬉皮士的奇幻冒险，你都会对这一天感到十分满意。如果每天结束时你都对这一天感到满意，那就足够了。时间是你的，想要如何度过由你自己说了算。

虽然我们有许多方式判断我们如何利用时间，或者评估我们的价值观和所处环境的差异，但是大部分人似乎都选择根据自己完成了多少工作，或者取得了多少成就来评价每一天。这种心态通常会在工作中出现。但如果你和我一样，也可能会把这种心态带回家。

如果再看一次你的人生录影带，你可能会发现，年轻时候的自己很少会关注效率问题，或者在意一天能完成多少事。你并没有过度关注自己的故事，所以你对自己或他人对你的期待并不会过于在意。

年轻时候的你肯定拥有更自由的灵魂，能够率性而为、随风而动。也许你曾经制作过时间胶囊，骑单车去不同的地方探险，也会在厨房里尝试制作各种美食，但你仍感觉其乐无穷。

你还可能时不时体验一种叫"无聊"的状态，它会让你开始构思更新奇的消遣方式。说不定你用你家客厅里的椅子和沙发搭建了一座毛毯"堡垒"，或者把所有水果贴纸都贴到了厨房墙柜底下。我不禁想问，你上一次感到无聊是什么时候？

年轻时的你可能并没有花太多的心思去衡量自己过的每一天。但是随着我们一步步成长，肩上承担的责任越来越大，一切都发生了变化。我们被教导要以"成就"这个标杆来评估时间乃至价值。作为成年人，这种责任感会让我们远离那些可能带来意外收获的冒险。

当我们还是孩子时，这种追求成就的心态就已经迅速生根发芽了。从我们开始接受学校教育起，我们就进入了一个充满各种目标的系统，开始与他人竞争谁能更快实现这些目标。在学校里，成绩越好就意味着我们在学业上越成功，同样也意味着我们在生活中越成功。优异的成绩被视为成为科学家、脑外科医生或者公司首席执行官的必经之路。我们越专注于学习，就越能有智慧、动力和成就。进入职场后，我们会有更多需要努力追求的目标，比如更高的薪水和奖金，以及在公司层级中晋升的机会。**一旦开始追求更大的成功，我们往往很难停下脚步，这就是成就心态的本质。**

随着我们逐渐成长，肩负的责任越来越重，我们每天需要做的事情也越来越多，但并非所有事都同等重要。我们不断质疑自己：是否有比手头的事情更重要的事情需要去做？这就是经济学家所说的时间的"机会成本"。这种想法会让我们感到内疚，让我们怀疑自己是否把有限而宝贵的时间用在了价值最大的事情上。责任使我们对时间的使用更加谨慎，因为它提高了机会成本。一旦我们心生冒险的念头，紧接着可能就会因为想到有更重要的事情而心生退意。比如，洗好的衣服需要叠，家里的狗还没有遛，成堆的邮件还等着回复。

即使你最初只是在工作中关注责任和时间的机会成本，但慢慢地，你可能会到达一个临界点，追求高效率此时已经成了一种思维方式，开始影响你生活的各个方面。你不再仅仅把高效当作工作时间紧张时的应对策略，而是始终想着如何充分利用每一分每一秒，甚至在你真正想要休息放松的时候也是如此。

我把这称为"成就心态"。这是一套后天形成的态度和信念，驱使我们不断努力去完成更多的事情。这种心态让我们总是想要把时间填满，如果我们没有用最佳的方式度过一段时间，我们会感到内疚。就是这种心态告诉我们，当和朋友一起喝咖啡时，我们应该早点回家做晚饭；在公园漫步欣赏美景时，应该抓紧时间听听播客。最重要的是，这种心态会让我们不断权衡时间的机会成本，思考如何更好地利用有限的时间做更多的事。

大多数人并不会完全用这种心态来评估自己的时间和目标。然而，随着我们在生活和事业中的不断精进，似乎越来越倾向于将"成就"作为衡量时间的准绳，小到一天、大到一年都是如此。我们告诉自己，等退休了就会放弃这种思维方式，但实际上我们依然锲而不舍地这么做下去。

放松这件事可以延后，享受成果的时刻也可以推迟。成为一个"有成就的人"成了我们身份的一部分。当工作成就与个人身份融为一体时，成功就被我们视为自身的一部分了。

安妮·迪拉德在她的著作《写作生活》（*The Writing Life*）中提出了这样的观点：**我们如何度过每一天，就代表着我们如何度过一生**。我认为这个观点同样适用于我们如何衡量时间的价值，即我们如何衡量每一天，就代表着我们如何衡量一生。当我们把每一天的价值仅仅看作我们能在这一天取得多少成就时，稍加不慎，我们也会用同样的方式来衡量我们整个人生的价值。

学业和工作虽然会让我们过于关注效率和成就，但它们依然具有重要的意义。各种教育系统和企业组织构建了我们所熟知的现代世界。

人类对效率和成就的追求创造了越来越便利的现代生活。如果你把一个两百年前的农民带到一家现代的漂亮超市，他估计根本无法理解店内物品怎么会如此丰富。而超市远未触及现代生活的最奢华之处。等这位可怜的老兄好不容易平复下来时，你可以缓缓地从口袋中掏出手机，向他展示这个设备是如何让你在不到一秒钟内与全世界上的任何人随时联系的。

由于经济的进步，过去 200 年里美国人的人均年收入从 2 000 美元增长到了 50 000 美元，这还是把通货膨胀计算在内的金额。而且，尽管富裕程度是之前的 25 倍，但许多商品的价格却下降了，这在很大程度上归功于技术的进步。80 年前你可能得花费 1 000 美元才能买到一台黑白电视，而今天，花同样的钱能买到尺寸更大、像素更高的电视，而且还是彩色的！

另外，不仅是我们这些生活在较富裕国家的人从这种发展中受益。在过去 20 年里，全球极端贫困人口的数量减少了一半以上。20 年前，世界上有 29% 的人生活在极端贫困中，而如今只有 9% 的人。这样的经济指标非常重要。著名研究者汉斯·罗斯林（Hans Rosling）在《事实》（*Factfulness*）一书中写道："影响人们生活的主要因素不是他们的宗教、文化或所居住的国家，而是他们的收入。"

出于上述所有原因，我不打算在这里提及反对经济增长的观点。假设这些利益能公平地分配给我们每个人（这里要画一个大大的问号），那么经济增长的确能使我们的生活变得更好。

然而，现代世界的发展是以焦虑的蔓延为代价的。我们在生活和工作中所处的环境、它们所塑造的我们的思维模式，以及由此带来的压力，都是引起焦虑的主要原因。无论是在学习还是工作中，追求高效和成就的行为都会受到激励。长远来看，我们效率越高，就越有可能获得"成功"。

　　　　　　　　　　　　　　　　　　　在忙乱的世界找回平静

现代社会极其重视传统的衡量成功的标准，比如金钱、地位和社会认可，往往忽视了一些不易量化的标准，比如幸福感、人际关系的深度与满足度，以及我们能否在他人的生活中产生积极的影响。我们通过提高效率并积累足够多的高效工作时长获得成就，从而过上"成功"的生活。随着我们在一个奖励效率的系统中投入更多时间，我们逐渐开始相信，追求效率和成就才是最重要的事情。

最终，这成了衡量我们是否在明智地使用时间的标准。

效率建议有效的前提

很多人都会把"高效"这个词和"冰冷""商业化""不停运转的机器"等形象联系起来。但是你不用为此感到担心。提高效率也有更温和的办法，践行相关的策略也不会一下子把你变成一个追求成就上瘾的机器人。

我认为的"高效"就是指做好我们计划要做的事情，无论是清空收件箱中的邮件、在几个应聘的候选人中作出决定，还是在沙滩上放松地喝着鸡尾酒。在我看来，只要我们设定目标并成功实现，就是非常高效的。换个角度来看，**高效并不是追求更多，而是有明确的意图**。不论在哪个领域，这个定义都适用。

然而就算有了这个更为人性的定义，效率和成就依然如同一枚硬币的两个面，即便我们的"目标成就"是放松一整天也不例外。我会暂时把这个更友好的定义放在一旁，因为在评估成就的价值时，有必要使用对"成就"这个词接受度更高的定义，即不断朝着我们的目标和预期成就迈进，获得传统衡量标准下的更大成功。

提高效率的策略无所谓好与坏。我们可以通过那些能够带来更大成就的方法、习惯和策略，实现令人难以置信的目标。对此，我深有体会。效率是我最喜欢的话题之一，对这个主题的倾力研究让我得以创造出大量引以为傲的作品，也让我获得了一定的成功。但与此同时，这种对成就的追求也让我精疲力竭、焦虑不安。

在效率提升这个领域，极少有人讨论这个观点：不懈追求更多成就可能同时带来成功和伤害。因此，接下来我们就一起来探讨一下这个问题。

现代生活中，人们理所当然地会被效率建议吸引。无论是工作还是家庭，我们每天都有一大堆事情需要完成，有无数责任需要履行。我们每天可能要在 8 小时内完成 10 小时内才能完成的工作量，同时要照顾家中生病的孩子，还得抽出时间支付积压在电子邮箱中的过期账单。有时候甚至在周末，我们还要做家务，为亲戚朋友做晚饭，同时还希望有足够时间能让自己好好放松一下。

效率建议在这类情况下非常有效。那些真正起作用的建议，不仅仅能让我们所花的时间物超所值，甚至还能为我们节约更多时间。当我们用更少的时间完成任务，就有了更多时间去做真正有意义的事情，比如与人交往、追求爱好以及与工作深度连接等。

举个简单的例子：花几分钟时间在每天开始时规划你要完成的工作，可以帮助你识别出最重要的任务。这不仅可以让你明白哪些时间用得最有效，还可以避免做不需要你亲自动手的工作。这样，几分钟的规划就能节省下来数小时，让你专注于最关键的任务，或者让更适合的团队成员来完成某个项目。

想象一下，如果你中了一个获奖概率只有百万分之一的幸运奖，得到一家高级家政服务公司提供的终身管家服务。这位管家名叫金斯利，他会每天帮你打扫卫生、做饭、管理你的日程（他称之为"日志"）、开车接送你四处溜达等。更重要的是，金斯利的丰厚薪资已经预支到了他退休，也就是说从今天算起，在50年内，你连小费都不需要给他，因为这已经包含在工资里面了。虽然对于我们大多数人来说，这种情景只是痴心妄想，但最佳的效率策略和方法可以带来类似的好处。就像金斯利一样，它们为我们提供了最宝贵的资源：时间。

这就是效率建议的功效和奇妙之处。通过提升自己规划的能力，你能够把更多的时间、注意力和精力投入你想做的事情中，甚至你可能因此变得更成功。

与管家服务不同，这些建议真正有效的前提是，我们必须在某个时刻停下努力的脚步。效率建议虽然强大，但需要有清晰的边界。

没有界限，对成就的迷恋就会让我们与平静渐行渐远，这反而会降低我们的效率。

定义平静

恐慌事件发生的几个月后，高速的工作进程终于得以放缓，我可以仔细分析导致我焦虑和倦怠的原因。在我详细介绍焦虑和倦怠背后的科学问题之前，我先解释一下"平静"究竟是什么。

我很快发现，研究者并没有把平静当作一个独立的概念去研究。大多数人都明白平静是一种什么样的感觉，字典里对平静的解释是"安静平和的状态"且"无匆忙的动作、焦虑感或未发出噪声"。但这个术语没有获得公认的临床定义，甚至可以说，几乎没有人为平静下过定义。平静不是心理学的一个研究分支，也没有经过验证的可靠的工具来精确评估一个人的平静程度。在花了几个小时在多个学术搜索引擎搜索后，我终于找到了一个相关结果——《温哥华互动与平静量表》(Vancouver Interaction and Calmness Scale)。然而，这份量表中的"平静"指的是重症监护病房中戴着呼吸机患者的镇静程度，其中一条指标是病人是否试图拔掉插在身上的管线！

由此可见，不管是在日常生活中还是在研究中，平静都是这么难以捉摸。

不过，我们可以通过研究焦虑来弥补平静在定义上的缺失，同时保证我们研究的真实性。虽然关于平静的研究很少，但现有的研究却揭示了一个有趣的观点：平静正好是焦虑的反面。因此，我们可以通过研究焦虑来理解并定义平静。

当我们感到焦虑时，内心会纷乱不堪，不停地反复思考并对未来充满恐惧。研究表明，在焦虑时，我们可能会感到紧张或不安，同时无法停止自己的担忧。焦虑的其他表现还包括难以放松、焦躁不安、易怒烦躁，以及经常感到害怕，仿佛随时会发生可怕的事情。对于自己的焦虑，我将其定义为一种无休止的躁动感，一个个焦虑时刻像一道道波浪一样相互碰撞。

平静是所有这些混乱状态的对立面。焦虑是一种令人不快的情绪，表现为精神高度紧张的状态，而平静则是一种令人愉悦的情绪，表现为精神放松的状态。

研究证明，平静和焦虑处于同一轴上。最近在美国心理学会的知名刊物《人格与社会心理学杂志》（*Journal of Personality and Social Psychology*）上发表的一项研究表明：焦虑并不像我们认为的那样从"不焦虑"到"极度焦虑"分布，而应该被视为从"极度平静"到"极度焦虑"的连续变化过程（见图 1-1）。

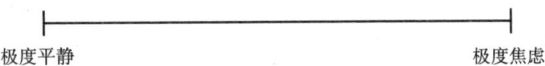

极度平静   极度焦虑

图 1-1　平静焦虑变化图

换句话说，平静与焦虑不只是互为对立面，它们的存在实际上构成了一种循环关系。克服焦虑不仅会让我们更靠近平静，并且当我们在生活中达到了高度平静的状态时，也就意味着在我们下次感到焦虑之前还有很长的距离。因此，可以说，**平静使我们在面临未来的焦虑时更有抵抗力**。

综合这些发现，我们可以将平静定义为一种主观上的积极状态，其特点是激动程度较低，并伴随着焦虑的缺失。当我们的精神状态从"极度焦虑"一端向"极度平静"一端移动时，我们的心绪会变得更加放松和宁静，满足感也随之增强。最终，当思绪稳定、心境平和时，我们便抵达了平静的状态。在这种状态下，面对生活中的各种事情我们也不会轻易情绪激动。

我们并不总是以同样的方式感受焦虑和平静，我们的主观状态一直在不断变化。如果你不是焦虑症患者，那么基于这个原因，我们应该将焦虑和平静视为我们正在经历的状态，它们受到生活中发生的事情和我们所处压力水平等因素的影响，而不是我们本身固定不变的特质。焦虑是人面临压力尤其是自认为受到威胁时身体做出的正常反应。如果你正经历焦虑，这并不代表你有什么问题。

有些日子是相对平静的，但也会有一两个焦虑时刻，比如机场班车迟到了半小时。另一方面，充满焦虑的日子也可能点缀着令人放松的平静时刻，比如当我们走进家门，孩子们跑过来抱住我们的膝盖时，工作压力便瞬间烟消云散了。

我们可以通过减少焦虑并采用相关策略，走上一条通向平静的道路。在这条道路上，我们能够摆脱压力、克服倦怠、抵制分心，同时变得更加专注、投入和高效。

如果你感到焦虑已经影响了你的正常生活，或者让你的心情变得十分糟糕，那么你应该立即咨询医生。本书的建议并不能代替专业医生的诊疗。如果你想知道自己是否患有焦虑症（也被称为特质焦虑，它不同于状态焦虑），但又不想与专业人士交流，我强烈推荐你搜索"7 项广泛性焦虑症量表"（GAD-7）。这是一个免费的广泛性焦虑症筛查表，只有 7 个简短的问题，回答起来只需一两分钟。测试里会问你是否经常出现我在前文描述过的焦虑症状（这些症状是我根据该测试改编的）。最重要的是：无论你是真的需要帮助，还是只是觉得可能需要帮助，一定要主动寻求帮助！

效率图谱

定义完平静后，让我们回到关于成就和效率的讨论。和对待平静与焦虑的态度一样，人们对于成就和效率的重视程度也不相同（见图1-2）。

毫无目标   极度追求成就

图 1-2　效率图谱

图谱的最左端代表那些从不知效率和时间为何物的人，毫无目标不是一种很理想的生活状态。虽然过分追求效率会对心理健康产生负面影响，但我们确实需要设定并朝着一些目标努力。我们可能需要努力赚取一份足够维持生活的薪水，向身边的人伸出援手，并以能够最大限度减少未来遗憾的方式去生活。我个人认为，尽可能避免遗憾是构筑美好人生的重要元素之一。那些从不考虑如何利用时间的人很少会有意改善自己的生活或者按照自己价值观来生活。我们需要为了实现自己的目标投入时间和精力，而且人的大脑也渴望在一天中有事情可以参与其中。参与感差不多是影响生活幸福指数的最重要因素了，稍后我们会详细讨论这一点。

而处在图谱最右端的人总是被成就心态驱使，把成就和效率奉为圭臬，甚至超过生活中的其他宝贵组成部分，如幸福、人际关系和平静。对于他们来说，提高效率、追求成就已经升华为人生信条，无论在工作还是生活的方方面面，他们都追求着效率最大化和成就的达成。当我发现成就和效率与自我身份认同纠缠在一起时，我也开始向这一端靠近。如果你发现自身的成功故事与身份认同缠绕在了一起，甚至无法摆脱，或者在你试图放松的任何时刻，你发现自己仍然深陷于追求成就的狂热中，那么你可能也在向图谱的最右端靠近。

当成就和效率驱动我们的大部分行为时，我们可能没时间给自己充电、无法放慢脚步或欣赏成果。但长远来看，恰恰是这些事情才能够提高动力和效率。我们至少需要花点时间来重新补充能量，否则有可能会精疲力竭。

成就心态的两大代价

如果你特别在乎成就和效率，那么就要好好思考一下自己在这个图谱上所处的位置。过分追求成就的心态是一把双刃剑，它会减少生活中的快乐，同时陡增更多压力。

我们依次来讨论一下这两个代价。

减少快乐

在研究平静的初期，我发现成就心态严重制约了我每天所能感受到的快乐。原因很简单，这种心态几乎将我的整个生活都转变成了待办事项。就像俗话所说的那样，当你手上只有一把锤子时，所有的问题都看起来像钉子。类似的观点在这里也适用：**当你以成就心态来看待自己所做的每一件事时，你的生活似乎变成了一连串必须完成的任务。** 因此，你每天要么全身心地专注于高效工作，要么因为效率低下而内疚。成就心态妨碍了你获得快乐的能力。

我是在亲身经历中得出的上述结论。在本该好好享用美食的时间，我还会同时心不在焉地听播客或刷视频，试图在同一段时间内做更多的事情，以减轻休息带给我的负罪感。我让自己时刻都转个不停，而非真正享受生活，并一直固执地坚持着这种做法。即使在一天工作结束与朋友谈心的时候，我依然无法摆脱那种心态，仍在考虑第二天回到工作岗位时需要完成哪些任务。我对自己的工作效率格外关注，很遗憾地说，即使是和妻子一起度过的最愉快的活动，比如共进晚餐和其他令人难忘的经历，都变成了待办事项。甚至度假也变成了需要完成的任务而非生活上的享受。

追求效率成了我那时的首要目标。当然，效率本身并不是一个好的目标。效率应该被视为实现更重要目标的手段，例如拥有时间自由、财务自由或更多机会与他人建立真正的联结。

像很多人一样，我的生活很忙碌，日程中几乎没有闲暇或者自由的时间。至少我是这样自欺欺人的。事实上，我确实有时间，只是没有把它花在让我感到投入和平静的活动上。每次我达到一个效率里程碑，成就心态便再次占据我的身心，我会专注于下一件需要完成的事情，从未欣赏我已经取得的成果。

具备成就心态对工作十分有益。工作就是我们用时间换取金钱的方式。假设一切公平，那么我们会因为自己在某段时间内的高效工作而得到报酬。效率能带来小成就，而这些小成就又会汇聚成更大的成就。但是如果我们不注意，同样的心态就会阻碍我们在非工作时间享受生活。我们努力工作换来的成果，比如放松身心的假期、宽敞的房子以及与家人共度的美好时光，最终统统被我们忽视了。

成就心态就是这样让我们落入追求高效的窠臼的。毕竟想要改善处境就需要先意识到自己在某些方面不如他人。然而，这种自我提升的想法有时会成为一种陷阱，尤其是当你将"成就心态"发挥到极致时。

但愿你还没有像我一样一路滑到了效率图谱的最右端。不管怎样我们都应该意识到，如果没有界限，过度的成就心态就会减少我们的快乐体验，特别是在应该放松的时候，这一点体现得尤为明显。

当我们不断努力追求成就时，我们从未真正享受眼前的一切——我们所处的位置、正在做的事情，以及最重要的，我们与谁一起做这一切。

压力陡增

成就心态让我们陷入不必要的忙碌状态，尤其是忙于无关紧要的琐碎任务，因为我们恨不得把一天中的每分每秒都填满活动。这种忙碌往往只是向我们大脑评估系统发送的信号，表明我们在朝着既定目标前进，但事实上我们可能只是在不同应用程序之间来回切换、麻木地刷朋友圈动态或者随意浏览新闻。与放松休息、养精蓄锐相比，盲目刷各种动态让我们的负罪感减轻，却消耗了大量的精力，陡增无穷的压力。

成就心态可能会导致我们浪费更多时间。偶尔得闲时，我们总会把时间浪费在浏览社交媒体和玩手机上，因为沉浸于真正有益的放松状态会带给我们负罪感，让我们觉得自己在浪费时间，这种情况下，让自己看起来很忙就变成了理所当然的选择。

毋庸置疑，忙碌在某种程度上是生活的常态，是我们承担有意义责任的结果。但与此同时，口袋里随身携带的互联网设备，为我们的生活又增添了一层全新而多余的忙碌。仅仅在几十年前，这种状态还不存在！今天，即使是会议之间的短暂闲暇，我们也往往会用手机做一些让头脑处于高度刺激状态的事情，而不是计划如何更好地利用时间。无休止地刷新电子邮箱、朋友圈等消息让我们感到异常忙碌，大脑却误以为我们正在取得成就。实际上，这只是一种高效幻象。

这种忙碌也导致我们无法保持平静，因为它让我们承受了不必要的慢性压力。在深入研究焦虑和平静后，我发现消除生活中的慢性压力是实现更长久的平静的关键所在，而慢性压力的一大来源就是成就心态所带来的非必要忙碌。**我想再次强调，成就心态会带来很多慢性压力，而慢性压力可能是阻碍你实现持久平静的最大绊脚石。**

接下来，我们深入看一下生活中的压力类型。

概括地说，我们的生活中存在着两种类型的压力：急性压力和慢性压力。急性压力属于暂时性压力，通常是一次性事件，比如航班改签、晚上摸黑踩到了乐高积木或是与另一半大吵了一架（当然最终和解了）等。我们的身体早已适应了急性压力。在人类历史的大部分时间里，急性压力是人类经历的主要压力类型。自有人类以来的绝大部分时间里，我们人类不过是美味的猎物，被豹子、蛇和巨型鬣狗等猎食。我们身体的压力反应为我们提供了应对这些威胁的身体和精神耐力。

当我们遭遇急性压力时，我们的身体会释放一种叫作皮质醇的压力激素，激活身体的压力应激反应。或许你已经对此很熟悉了。这种应激反应为我们提供了所需的心理和身体力量，帮助我们应对压力源，以便我们能够继续活下去。面对捕食者，你的肾上腺素在身体内狂飙，你的瞳孔在扩大。这时你有两个选择：要么逃跑，要么像一个英勇无畏的硬汉一样与那凶残的捕食者展开殊死搏斗。

压力常常受到诟病，但这种评价是不公平的。事实其实更为复杂。尽管我们在遭受压力时并不会开心，但压力赋予了我们生活的意义。急性压力就像是一条我们必须穿过的隧道，是为了抵达另一端更美好的目的地。精彩的回忆往往源于那些在当时让你压力巨大的经历。婚礼令人紧张，为亲戚朋友做周末晚餐也是如此，在上百人面前汇报自己的工作更是如此。但是这些经历使生活有了意义。正如心理学家凯利·麦格尼格尔（Kelly McGonigal）在她的著作《自控力》（*The Upside of Stress*）中所说："如果你将视野放宽，去除所有令你感到压力的日子，你将无法拥有理想的生活。你会发现同时剔除的还有那些助你成长的经历、你引以为豪的挑战以及定义你身份的人际关系。"

急性压力赋予我们回味无穷的记忆、令我们内心丰盈的经历，以及迫使我们成长的挑战。

哪怕压力强度处于峰值，但急性压力总能释放，经历急性压力后，我们的身体有机会恢复。

然而，慢性压力则完全相反。这是那种好似永远没有尽头、一次又一次找上门来让我们备受折磨的糟糕压力。它不同于偶发性的航班取消，而更像是我们每天上班路上会不可避免地遭遇的令人煎熬的堵车。它也不同于偶尔发生的夫妻争吵，而更像是每次与对方交流时感受到的难以消解的分歧。

在现代这个强调成就的世界中，慢性压力的来源是多种多样的。其中一些来源很明显，比如经济压力、与讨厌的同事相处时的负面情绪，以及照顾生病的亲人等。这些来源没有尽头，给我们造成了持续的慢性压力。

有些慢性压力源却往往难以察觉。有时候，我们甚至无意识地将注意力投向这些压力源，因为它们激活了我们的思维，使我们有种虚假的高效产出感。其中一些压力由于具有刺激性或者能够给予我们认同感，因此很容易让人上瘾，尽管在某种程度上，我们的大脑会将这些刺激视为威胁。例如，你可能会发现使用 Twitter 很刺激且容易上瘾，但是请想一下，你在使用它之后内心是否总是难以平静。或者你可能会发现使用 Instagram 同样令人兴奋，但在使用后，你可能会感到自己无论哪个方面都比不上他人。因为正如 Facebook 前员工弗朗西丝·豪根（Frances Haugen）在美国国会作证时所说的那样，Facebook 这个软件只关注两件事：身材的比较和生活方式的比较。社交软件中充斥着让我们自愧不如的内容，给我们带来了不必要的压力。

在忙乱的世界找回平静

很多（甚至大多数）导致我们分心的因素也是慢性压力的来源，在焦虑时接触到的分散注意力的内容，尤其具有威胁性。

尽管电子邮件、社交媒体和新闻等都具有刺激性，但我们关注这些事物通常是因为它们也具备新鲜感。许多网站和应用还提供了不定时的强化，即我们会发现一些新的、令人兴奋的内容，而有时候则无所得。这使得这些慢性压力源具备了让人上瘾的特性。压力之所以具有上瘾性，还因为它对我们来说是熟悉的，就像一段毒性关系，一旦我们习以为常，那么当这段关系结束时就会在我们生活中留下一个畸形的口子。

新闻是我们习以为常的另一个压力源，这一点在近年来变得尤为明显。我们有选择性地追踪新闻，目的是保持信息的更新，但实际上，这却让我们承受了超乎想象的压力，而且这种压力会导致我们在面对直接影响自己和亲人的新闻报道时心理承受能力减弱。

有研究发现，那些观看了 6 小时或更长时间关于波士顿马拉松爆炸事件报道的人，他们的压力水平甚至超过了直接受该事件影响的马拉松运动员。另一项研究发现，全程关注国内恐怖袭击事件的人可能出现创伤后应激障碍。

更糟糕的是，看负面新闻会让人联想到更多恐怖的内容，这种现象被一些研究者称为"压力循环"。如果你经常阅读和观看新闻，你可能需要暂时停下来，好好思考一下这些研究的含义。同样的原则也适用于其他分散我们注意力的事物。某件事让你兴奋，并不意味着它会让你快乐，也不代表它不会给你带来压力或威胁。享用一杯美味的咖啡，我们可能在喝了第一口后发出一声轻松惬意的"啊——"，刷社交软件可不会给你这样的感受。

我们的身体无法区分急性压力和慢性压力，对两者的应对方式是一样的。

身体的应激反应就像降落伞一样，只适合偶尔使用。经过数百万年的演化，这个反应能帮助我们应对偶尔出现的大量威胁生命的压力，并在之后平稳地回归正常。

应对成就心态的两大策略

追求成就的心态驱使我们渴望忙碌，但若不谨慎，可能会付出代价。即使我们一开始追求的目标就是成就，也要注意控制这种心态。

在这一章的最后，我们看一看如何通过两种实用的策略，降低由成就心态和我们对于高效的执念所造成的代价。这两个策略可以帮我们避免陷入效率图谱的两个极端，从而减轻压力，让我们变得更快乐、更平静。

这两种策略分别是：划定效率时间，创建压力清单。我们来逐一讨论。

划定效率时间

我们需要为成就心态设置边界，否则我们的生活就会被它掌控。在意识到我几乎每时每刻都在追求效率最大化之后，我开始刻意划出时段，告诉自己在这些时段不用在意效率和成就，以此来设立边界。通过这样的方式，我可以在自己选择的时间内完成工作，同时也为自己创造了亟需的平静时光。

这种做法与我在从事效率研究时培养的直觉完全相悖。但事实证明，设置一段不以效率和成就为目的的时间出奇有效。说实话，这个策略的效果好得让我大为震惊。

从那时起，我每天的第一件事就是确定我的效率时间。简单来说，这个时间是你完成工作的时间，包括办公室工作和家务。分开设置工作时间和家务时间对我很有帮助，可以让我在工作和家庭之间设立界限，但你的情况可能会有所不同。在效率时间里，你需要处理且必须完成有时间限制的工作。这时你应采取成就心态，花时间处理最重要的任务，同时尽可能地完成其他工作。至于需要分配多少时间取决于你这一天的工作量、你的工作技艺有多娴熟，以及你是否有一个全天候跟随你的私人管家等因素。如果你非常重视传统的成就标准，那么你就得每天为自己划定更多的效率时间。

这个策略执行起来非常简单。要确定这些时间段，你需要在每天开始（或前一天结束）时，检查一下自己要做的事情有哪些，比如有多少会议要开，什么时候开，有多少工作要完成，家里还有多少事情要做，然后选择一天中的不同时间段来完成这些事情。如果你的工作时间是固定的朝九晚五，那你的效率时间可能要涵盖除午餐和其他休息时间之外的整个工作日。

划定效率时间是一种很好的缓解工作压力的方式，因为它给人一种终点就在前方的感觉，特别是在你被工作压得喘不过气，晚上只有一两个小时的个人时间的时候更有必要这么做。而且因为你选择在这段时间里暂停工作，那种因为效率不够而产生的罪恶感就不容易产生了。你可以将工作压力、焦虑和对成就的追求都先放在一边，确定真正的休息时间。

在效率时间内，你还可以利用"截止日效应"[1]。当你给自己设定一个完成任务的时间，即截止日，你就别无选择，只能像一名工作狂一样全力以赴。随着你越来越能掌握好完成任务所需要的时间，你可能会惊讶地发现自己完成的工作量有如此之大。使用这种策略可能会为你节约大量意想不到的时间。

我发现利用这些效率时间有计划地培养一项技能也很有用，比如学习摄影、新的编程语言或弹钢琴（我现在还弹得很糟糕）。你不需要太紧张，放松，把事情完成就好。记住，高效并不必然导致压力过大，尤其是当你以平和的心态工作时。总的来说，我们更需要关注的是前进的方向而不是速度。有思考的坚持优于无方向的奋斗，你在速度上失去的，会通过坚定不移的前进得到更多的补偿。

从长远看，请你务必努力利用好你的效率时间，专注于工作和家庭中日益重要的事务。这些时间是用来维持你的发展和进步的，手机、社交媒体和其他干扰总是在这些时间之后等待着你。如果你从事知识性工作，一定要比你认为应该的速度慢一点，留出充足的时间进行反思。这两个关键的效率因素能让你的工作更讲究策略而不是被动应对。你可能会发现，适当的慢速工作最终能为你节省时间。

在追求成就时，你应该专注于效率；在追求意义时，请务必将效率放到一旁。

显然，你需要结合你从事的工作和实际生活来调整这些建议。例

---

[1] 克里斯托弗·考克斯在其著作《死线效应》中介绍了如何巧妙利用"截止日效应"确保工作如期完成。该书中文简体版已由湛庐引进，中国财政经济出版社于2022年出版。——编者注

如，你是一名销售，那么相比一名小说家，你可能需要在晚上更频繁地与人联系。但是，当工作不可避免地侵占了你的个人时间时，你可以将一些小任务集中起来，用工作带来的急性但可控的压力来替代持续分心导致的慢性压力。

如果可以专注、高效地工作几小时，哪怕是在加班时间，也要好过让自己一直处于无休止的工作状态中。专注的工作时段会增加我们的投入感，让我们觉得所做的工作有意义。相反，整天反复地查看工作邮件只会导致不必要的慢性压力。如果不是为了加班津贴，你着实应该考虑一下是否有必要保持时刻待命的状态，尤其是当工作对你来说已经构成慢性压力时更要慎重考虑。无论你的工作让你觉得自己多么不可或缺，你都应该认真想一想这个问题。

在效率时间外，划定一段休闲时间来放松心情、与人交流并寻找内心的平静，这里我建议你可以花一些时间尝试一下第 6 章中提到的一些方法。在这些时候，远离让你感到焦虑的事情。不要担心产出、进度、结果，不要把更多的事情塞进你的时间表。这是你享受工作成果的时间，而不应该把这些时间花在追求更多的成就上。我建议你从自己的"享受清单"上找一个项目来放松（第 3 章中会谈到这个观点）。

内疚是一种内心的紧张感。当我们在工作中感到内疚时，往往是大脑在告诉我们，考虑到时间的机会成本，我们应该去做别的事。如果你还不习惯刻意抽出时间放松自己，那么休闲时间可能会让你感到内疚，而在你尝试养成这个习惯的初期，你的愧疚感会尤为浓烈。这很正常，你只需留意内疚感的出现，然后从第 7 章中找出一两个应对策略尝试一下，避免内疚感破坏你的闲暇时光。内疚也可能在你的效率时间出现，这时你需要想一想，自己是否在有意识地投入工作，是否在处理最重要的事务。

划定效率时间帮助我们把工作中的压力分离了出来，同时为生活中的乐趣腾出了空间。如果你希望更好地利用效率时间，下面的建议能够帮助到你。

■ **在平静中高效**　　　　　　　　　　　　　HOW TO CALM YOUR MIND

- **弄清楚自己每天需要多少效率时间。**

  做这件事本身就需要花时间。一开始你基本无法准确估计，给自己的时间要么太多，要么太少。但是，随着时间的推移，你会逐渐更清楚自己每天能在效率时间内完成多少工作量。你如果还是无法确定应该安排多少小时，可以看看当天的任务清单有多长，有多少场会议，确认自己是否感到疲惫，有多少精力，以及完成手头的任务预计需要多长时间。

- **在工作模式和休闲模式之间，尽量留出一些缓冲空间。**

  这样你就可以从生活中的一个角色（如领导者、导师、经理、问题解决者、高管或学生）顺畅过渡到另一角色（如父母、祖父母、朋友或别人的榜样）。

- **当你处在休闲模式中时，可以创建一个"稍后处理清单"。**

  请你至少把突然冒出来的待办事项和工作想法记录在某个地方，暂时搁置它们，但仍然能够在之后妥善处理。尽量减少在工作和放松之间频繁切换，这样你既能更专注地工作，又能更好地放松。

- **效率时间结束后停止工作并严格贯彻这一原则。**

  你可以设一个闹钟，在效率时间结束前一小时提醒自己。很有意思的是，在任务还没有完成时戛然而止有时反而有好处，因为接下来的时间你的大脑会在潜意识里继续思考。尝试不同的方法并找出适合你的有效方式。

- **尽量减少在两种模式之间切换的次数。**

    在工作模式和休闲模式之间切换的次数越少，你因此产生的精神疲劳就越少，而你对生活的掌控感也就越强。请你记住，缓慢进入工作模式也是可以的。从一个任务切换到下一个任务，或者开启工作模式可能都需要几分钟的时间，这些都没问题，均属正常现象。

- **如果你在效率时间结束时状态正佳，想继续工作，就要灵活机动，考虑一下如何奖赏自己。**

    如果你的工作时间安排具有弹性，那就试试在今天完成大量工作后，减少第二天的工作时间。另外一种奖励方式是，对于那些你一直拖延至今的任务，在处理它们时，你可以适当减少效率时间。

- **千万不要早上一醒来就进入工作模式。**

    请你慢悠悠地起床，气定神闲地迎接新的一天，想想你希望从这一天获得什么。相信我，如果你想知道生活彻底失控是一种什么体验的话，你可以试试早上一睁眼就去查邮件。充满意义的一天从优哉游哉的早晨开始。

- **在家的时候可以试试专注力大挑战（focus sprint）。**

    如果你有好几样家务活要干，那么在手表或智能音箱上设置一个 15 分钟的倒计时，然后试试自己在时限内能洗多少碗碟或者干完多少其他家务活。15 分钟内完成的家务活，如果零星地做可能需要花三四十分钟的时间。对于这样的零碎时间，我们不用过于在意是否被打扰，这一点很关键。被他人尤其是自己的亲人打扰其实是一件很幸福的事。我们需要记住，人才是高效率的源泉。当你的爱人或孩子需要拥抱时，更不要忘了这一点。

确定每天的效率时间并在此基础上规划每一天，是设定工作边界的可行方法。不仅如此，长此以往这种做法会助你取得更大进展，不断接近自己的目标。**保持高效的艺术首先在于，懂得应该在何时注重效率。**

创建压力清单

除了在效率时间内培养成就心态之外，把你生活中面临的所有急性和慢性压力写下来也是一件很有意义的事情。这是我希望你实施的第二个策略。这样做还有一个额外的好处，就是你可以在阅读本书时随时翻看这份清单。

请你拿出一张纸，把生活中让你感到压力的所有事情列出来，不要漏掉任何一项。仔细回想你一整天的生活，从早晨的日常惯例到工作，再到你个人生活中需要履行的职责。其中工作中的压力可能有必要单独写。不用去管哪些压力是急性的，哪些压力是慢性的；哪些是你能忍受的，哪些是你一直想处理的。把它们统统都写在纸上，无论大小。不要忘了压力的外延，包括那些你经常忽视但实际上会给你带来不小压力的微小干扰因素。

哪怕一些压力是积极的，但是你看到自己面临的各种压力赫然呈现在眼前，这件事本身就能给你从中喘息的机会。

确定所有的压力后，请你将它们分两栏写在一张纸上，一栏是你可以避免的压力，另一栏是你无法避免的。在进行这一步之前，我要提醒你注意一点：无法避免的压力很可能多于可避免的压力，这一点非常正常，我们应当有所准备。

在忙乱的世界找回平静

只要你抱有极端的防范态度，那么大部分慢性压力的源头是可以避免的。比如，就像成为隐士可以消除生活中所有人际关系带来的压力一样，你可以通过卖掉房子搬到出租房来消减拥有房产带来的压力；如果工作给你带来太大压力，你也可以放弃所有物质财富遁入空门。显而易见的是，尽管有些做法能够消除压力的源头，但并不意味着你就应该这么做。有时候，消除压力所采取的方法反而会带来更多压力，因为有些压力本身也是生活意义的一部分。在整理你的压力清单时，你需要实事求是地看待哪些压力是容易控制的，而哪些是难以控制的，同时要记住，只要你足够努力，大部分压力是可控的。

先做容易的事

压力让我们感到忙碌，而忙碌的状态让我们感到充实和重要。但是，成就心态驱使下的生活可能会带来不必要的压力。前面介绍的压力清单之所以有用，就是因为你可以退到远处来审视自己生活，看看这些压力中到底有哪些是必要的。

在我自己做这个练习的时候，我意外地发现我生活中竟然有那么多的压力源都是可以避免的，尤其是那些慢性压力源。例如：

- 新闻网站：不断向我推送让我感受到威胁的信息，而我依然忍不住要去查阅。
- 晚间新闻：让我在临睡前感到焦虑。
- 无谓的邮件刷新：每次都有紧急问题需要处理以及新任务需要完成。
- 一段有害关系：我一直身处其中，它经常影响着我的压力水平。

- 经常查看的绩效指标：包括播客下载量、网站访问量和图书销量，这些数据会让我要么兴奋要么沮丧，具体取决于当天（或每小时）的数据。
- 两位咨询客户：他俩带给我的压力远大于其他客户的总和。
- Twitter：源源不断推送一些让人心情变坏、义愤填膺的消息。
- Instagram：让我看到令我艳羡的事物，还有许多需要回复的私信，外加一些新奇的图片，让我沉迷其中无法自拔。

不同的压力源在生活中的渗透程度不同，要掌控这些源头有时可能需要付出相当大的努力。这个过程并不总是像注销你的 Facebook 账户那样直截了当，不过话说回来，我还从来没有听说有人因为注销了 Facebook 账户而后悔。制订计划消除有害关系，可能比处理因家里杂乱不堪而产生的心理压力更为棘手。同样，找到方法摆脱那个使你产生大部分工作压力的项目，可能比退出一个下班后去的无关紧要的俱乐部更难。

你可能会对这项活动有所抵触，但是如果你真的希望找到平静，我劝你不要回避它，这种抵触是过程中的一部分，而且慢性压力可能比你想象的更加代价高昂。你可以试试我的方法来处理常见的可避免的压力源。

● 在平静中高效　　　　　　　　　　HOW TO CALM YOUR MIND

- 不再频繁地浏览新闻网站、收听广播，而是通过一份每天只更新一次的早报来获取最新信息。
- 确保每次浏览社交媒体都有明确而正当的理由。
- 在非工作时间每天只检查一次电子邮件，并把它与其他一些琐碎事务一道处理了。

给出这样的建议比实施起来要容易得多。但如果你正遭遇压力、焦虑或者倦怠，那么你需要从生活中消除可避免的慢性压力源。可以从自己列出的压力清单中选几项着手解决。如果眼下觉得这有点困难，那么也不用着急。在接下来的章节中，我会给你提供更多的应对策略，现在，你只需尽力而为。

有些慢性压力很难消除，原因可能是你已经对它习以为常，或者消除这些压力的方式过于复杂，但是努力尝试总是有意义的。生命中的慢性压力源每减少一个，你所感受到的虚假成就感就会减少一分，从而为真正的成就留出更多时间。同时，导致倦怠产生的因素也随之减少。

亲身经历告诉我，倦怠本该是可以完全避免的状态。就像成就心态一样，倦怠同样会让我们与平静的心境渐行渐远。我们会在第 2 章中继续讨论倦怠这一话题。

平静 TIPS

- 划定效率时间和休闲时间，并尽量减少在两种模式之间切换的次数。
- 建立压力清单，并对压力进行分类。
- 新闻网站、社交媒体、电子邮件，这些是可以优先处理的慢性压力源。

HOW TO
Calm Your Mind

FINDING PRESENCE AND PRODUCTIVITY
IN ANXIOUS TIMES

第 2 章

倦怠状态

如果你将自己无法控制的结果作为工作的动力，那么你势必会倦怠，
原因在于提供这些动力的燃料不但在燃尽后无法补充，而且还会残
留有害物质。

——赛斯·高汀（Seth Godin）

如果读完第 1 章后，你仍然觉得需要一点额外的动力来应对生活中不必
要的慢性压力，或许我的惨痛教训能对你有所帮助。这个教训就是：忽视慢
性压力的长期累积会导致极度倦怠。根据世界卫生组织在《国际疾病分类标
准》（*ICD-11*）中的定义，倦怠是由于无法成功应对工作中的慢性压力而引
起的一种综合征。[①]

每一个感到倦怠的人，前期无疑累积了无法释放的慢性压力。因此，即

[①] 世界卫生组织将倦怠严格定义为工作场所的现象。尽管如此，随着工作和生活之间的界限
日益模糊，这些概念也可以应用到生活中来。

　　　　　　　　　　　　　　　　　　　　在忙乱的世界找回平静

使内心可能十分抵抗，哪怕需要自己主动寻找解决的机会，我们也必须竭尽全力处理可预防的慢性压力源，因为如果不这样做，倦怠的困境就在前方等着我们。

如我在第 1 章中提到的，每次我们遇到压力状况时，身体会启动压力反应，释放皮质醇以调节身心状态。这种压力反应的强度取决于两个因素：我们暴露于压力中的时间长短，以及压力的严重程度。例如，相比看 30 分钟夸大其词的有线新闻节目，在 250 个挑剔的陌生人面前进行 3 小时的讲座会引发更强烈的压力反应。无论如何，皮质醇都会调动我们的身体来对抗感知到的威胁。因此，压力不仅仅是我们面临的心理挑战，它还是我们身体里正在经历的一场化学变化。

在开始研究平静这个主题几个月后，为了深入研究压力和焦虑，我认真填写了《马斯拉奇职业倦怠量表》(Maslach Burnout Inventory，MBI)，不出所料，我被诊断出职业倦怠。大约在同一时间，我也对自己的皮质醇水平产生了好奇，于是又进行了唾液皮质醇测试。我连续几周往塑料试管里吐唾液，通过唾液检测来了解自己的倦怠状况。

如果我们生活在严重的慢性压力之下，譬如工作任务过重或者像我一样频繁出差，那么我们的身体会对持续的压力感到疲倦。研究发现，当我们长时间经受压力时，身体会逐渐减少皮质醇的分泌，达到异常低下的水平。研究人员形容这就像"我们身体的压力反应系统已经倦怠了"。

通常，人体的皮质醇水平在早晨醒来时最高，这是我们有动力从床上爬起来的部分原因。这也解释了为什么当我们压力特别大时，起床会更困难。因为在此期间，我们的身体减少了皮质醇的分泌。考虑到日常压力会自然产生皮质醇，我们的身体就停止了皮质醇的常规分泌。研究发现，相比正常人，那些被诊断为倦怠的人早晨的皮质醇水平要低得多。①

相比于 MBI，唾液皮质醇测试对于倦怠程度的测量不那么可靠。但是，我太好奇了，实在忍不住要试一试。不过，测试结果让我大吃一惊！

图 2-1 显示的是人一天中几个时间段应有的皮质醇水平，早晨达到峰值，剩余时间里逐渐减低并保持在合理的水平。

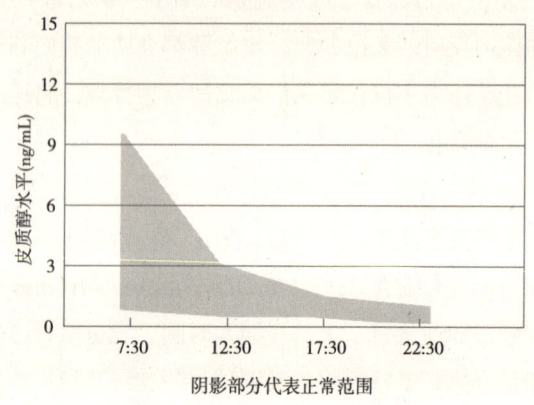

阴影部分代表正常范围

图 2-1　正常范围内的皮质醇水平

而我的情况却完全不同。测试结果显示我的皮质醇水平低到几乎没有任何波动（见图 2-2）。

我当时已经彻底精疲力竭了。从化学角度看，我的压力应对系统已然崩溃。哪怕是让我兴奋的积极压力，比如在众人面前演讲或是去度假，我的身体也无法振作起来。同样，我的精神也无法对眼前的机会产生热情，我的身体已经被掏空了。

---

① 早上 10 点半摄入咖啡因比刚起床时更能提神。因为醒后几小时，我们的皮质醇水平会自然降低，这时喝咖啡，提神效果更明显。

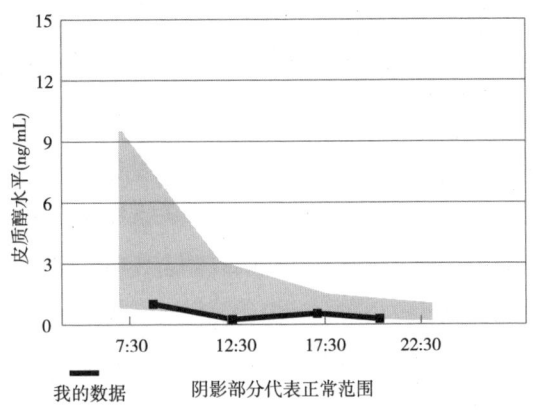

图 2-2　某一天中我的皮质醇水平

如果我能早点尝试减少慢性压力，我的处境会好很多。结果，我却得努力走出名为"倦怠"的困境。

倦怠＝精疲力竭＋愤世嫉俗＋效率低下

在深入研究后，我发现了一些有关倦怠以及它如何使我们远离平静心境的有趣观点。其中有一个观点似乎揭示了倦怠的真正含义。人们常把疲惫与倦怠混为一谈，但这样的理解其实遗漏了倦怠的大部分本质。

与普遍观念相反，倦怠不仅仅指精疲力竭。倦怠的确会让我们感到疲惫、无力、力困筋乏和身心交瘁，但是倦怠还包括愤世嫉俗与效率低下这两个特征。这些因素兼有才能称为真正的倦怠。

愤世嫉俗是一种心理上的疏离感，让我们感到消极、易怒、孤立，有时甚至会与我们正在做的工作产生隔阂感。这正是产生那种"谁爱干谁干，我不干了"态度的更深层次表现。在这个层面上，我们会被某些表面现象误导：只因某份工作看起来有意义，并不意味着当我们真正去做时，也能发现它的价值。询问任何一个在新冠疫情防控期间拼尽全力的医护人员，你就会明白这一点。倦怠最初是在医疗行业中观察到的现象，表面上看从医颇有意义，但当你仔细审视医护人员日复一日的具体工作时，你会发现这个领域充满了导致慢性压力的因素。当然，这个领域也充满了更多有意义的导致急性压力的因素。

除了愤世嫉俗外，倦怠还包括效率低下感，这种感觉就好像我们所做的事情并非我们所长、没有完成足够多的工作以及我们的努力不能让任何人受益。倦怠的这一特点可能会助长一个恶性循环，即倦怠感越强，我们参与的无意义的忙碌工作就会越多。这会给大脑的评估机制传递一种"高效"的假象，长此以往，尤其是在承受越来越多慢性压力的情况下，我们的实际效率会变得越来越低。

只有当精疲力竭、愤世嫉俗和效率低下这 3 个特征同时出现时，我们的状态才处于严格意义上的"倦怠"。

尽管本书的主题是平静，讨论倦怠似乎有些偏题，并且倦怠和焦虑也被研究者视作不同的概念。但探讨倦怠仍然具有重要意义，因为它与焦虑和抑郁症有密切关系。

据研究，59%的倦怠患者也患有焦虑症，这可能由慢性压力所致，因为焦虑可以被视为"一种针对威胁性情境的保护性因素"。抑郁与倦怠也有重叠，

　　　　　　　　　　　　在忙乱的世界找回平静

临床上诊断为倦怠的患者中，58%的人同时患有抑郁症或遭受过抑郁发作。虽然倦怠、焦虑和抑郁之间的确切关系尚不明确，但它们可能有共同的先决条件，包括慢性压力和其他生物因素。

当然，即使不考虑是否被诊断为倦怠，有倦怠3个特征中的任何一个都会让人感到痛苦，并可能成为倦怠的前奏。一般来说，如果你感到精疲力竭，就应该关注一下你的工作量是否太大；如果你效率低下，就要多多关注人际关系，并尽可能找到方法与同事建立更深层次的联系；如果你感到愤世嫉俗，就要确定你是否拥有完成工作所需的资源，同时要考虑是否需要在工作中更加注重人际关系。

回想最终导致我在讲台上恐慌发作的事件时，我的脑海中闪过一个个火花般的记忆碎片，这些碎片不断在提醒我当时的自己已经身心俱疲，就连完成简单的任务也像撼动大山一样困难。我在追求平静的过程中反反复复学到的一课就是，**那些让你感觉到不对劲、不起眼的瞬间，反而是极其重要的信号**。例如，一些最基础的工作开始让你抓狂，反复阅读同一份邮件纠结该如何回复，在周日的晚上你感到心情低落，对第二天上班感到十分恐惧等等，这些都是你需要特别关注并反思的时刻。

关于这次发作，我还想起了另外一件小事。我记得当时在飞机上，想在航程中完成一些工作。我把笔记本打开放在面前，打算回复一些电子邮件。然而在那两个小时的航程中，我发现自己基本上全程都只是盯着收件箱里那几封无关紧要的邮件，回复那些邮件几乎用不着思考，只需要敲几个单词即可。可在当时，这个任务给我的感觉就像是世界上最艰巨的任务，我的大脑已经缴械投降，根本无法完成这种小事。

坐在飞机上，我迫切想用分散注意力的方式来逃避内心的沮丧，试图让自己忙起来找回那种高效的感觉。也许这时最好的选择就是关闭电脑，从头顶的行李架上取下一本小说来读。但事实上，我不断陷入一些毫无意义的工作中。我坐在那里等待邮件到来，收到后立刻删除，试图通过这种方式重建自己高效的假象。我又一次在笔记本电脑上刷新社交媒体信息，再次让自己相信自己正在做一些有用的事情。这些分散注意力的做法加剧了慢性压力的恶性循环，让我感到精疲力竭、效率低下、愤世嫉俗。

当我需要赶在截止日期前完成一项任务时，我能够较好地抵制干扰因素。我会有意识地设立目标，避免分散注意力，集中精力工作。然而一旦下班，我总会不自觉地去做那些带给我慢性压力的事务，比如查收邮件之类能带给我认同感的事情，而这些事根本不是必须要做的。

尽管我已尽了最大努力尝试掌控所有慢性压力，但我知道我做得还不够。于是我找到了克里斯蒂娜·马斯拉奇（Christina Maslach）。

衡量你的倦怠程度

克里斯蒂娜·马斯拉奇是一位社会心理学家，同时也是加州大学伯克利分校的名誉教授。她与苏珊·杰克逊（Susan Jackson）共同发明了 MBI，这是目前使用最广泛的衡量倦怠程度的量表，在科学文献中已经被引用了数万次，并且在我撰写本书前已被翻译成近 50 种语言。通过对马斯拉奇的广泛研究进行深入分析，我产生了一些关于倦怠的新认识，这让我的心情暂时得到了放松。

　　　　　　　　　　　　　　　在忙乱的世界找回平静

第一点认识涉及个人与压力之间的关系。在我与马斯拉奇的交谈中，她非常反对当前流行的倦怠说法：和慢性压力一样，倦怠往往被认为是个人的责任。她指出："通常，我们处理倦怠的方式是告诉人们要多锻炼、做冥想、注重健康饮食或适量服用安眠药。但人们没有意识到的是，倦怠不是只靠自己就能解决的个人问题，而是一个社会问题。如果我们发现工作环境越来越难以适应，那么为什么我们还要更注重改变自己，而不是改善工作环境呢？这个问题值得深思。"

然而，在现代职场中，如果存在倦怠问题，人们也不愿意公开谈论，而是选择隐瞒，这种现象很普遍也不难理解：在那些对员工高效工作寄予厚望、几乎每个人都在全力工作的环境里，倦怠往往被视为软弱的表现。如果其他人都能承受工作压力，你也应该能够承受。

对于我们的心理健康来说，马斯拉奇对这种观念持有极为不同的看法。她说："倦怠被视为个人疾病，一种医学问题、缺陷或弱点。事实上，尽管我们中的一些人将倦怠视为荣誉勋章，但这实际上表明我们在一个不适合、不健康的工作场所工作。"而且，如果我们正在经历倦怠，那么很可能其他人也是如此。

马斯拉奇将倦怠视为"矿井里的金丝雀"，这个短语的背后是一个有趣的故事：

> 金丝雀可以吸入大量氧气，因此它们可以在比其他鸟更高的海拔上飞行。金丝雀在吸气和呼气时都会得到一定量的氧气，这意味着在充满一氧化碳等有毒气体的矿井中，金丝雀会接触双倍的有毒气体。这样一来，金丝雀会先中毒（可怜的金丝雀）。先把金丝雀放入矿井中可以提示矿工潜在的危险。

马斯拉奇认为"矿井里的金丝雀"是对倦怠的一个恰当比喻。在她做过倦怠调查的工作场所中，当团队成员们得知不止自己感到精疲力竭、愤世嫉俗和效率低下时，他们感到非常惊讶。

在她调查并提供反馈的一家企业中，"加班到深夜，工作不完成不回家似乎成了一件值得骄傲的事"。当她在讲台上向该公司团队分享她的调查结果，描述有多少人承认自已已经倦怠时，观众里立刻出现一阵骚动，场面几乎失控。大家不再听她讲话，"每个人都转身与旁边的同事交流了起来"。当她给了这些员工停下来反思的机会后，"他们开始意识到问题有多严重"。如果第一个倦怠案例出现时就能得到公开讨论和处理，也许这个公司就可以避免陷入大面积的过度工作和效率低下的有害状态。

马斯拉奇本人非常擅长识别那些看似一切正常，实则已经完全失控的社会环境。倦怠无疑是这类环境中的一种典型现象。另外一个现象是她在职业生涯初期遇到的，当时是 1971 年，3 年之后心理学家赫伯特·弗劳登伯格（Herbert Freudenberger）才创造出"倦怠"这个术语。当时，她正和一个叫菲利普·津巴多（Philip Zimbardo）的男人约会，这个人后来成了她的丈夫。津巴多当时正在斯坦福大学进行一项实验，研究感知权力和群体认同的影响。实验将参与者分为"囚犯"和"狱警"，让他们在模拟监狱中扮演这些角色两个星期。[①]

如果你对震惊世界的斯坦福监狱实验比较熟悉的话，你就会知道这个实验很快就失控了。"狱警"开始对"囚犯"施虐，而"囚犯"也开始把自己当作真正的囚犯，忘记了自己只是参与实验的志愿者。他们很快适应了自己

---

① 菲利普·津巴多被誉为"当代心理学的形象与声音"，津巴多在其个人自传《津巴多口述史》中对著名的斯坦福监狱实验做了一次最真实的披露。该书中文简体字版已由湛庐引进，2021年由浙江教育出版社出版。——编者注

的角色，将其作为自己的身份。这个实验简直就是一场灾难，但幸运的是，有一个人对实验的道德性提出了疑问，这个人就是马斯拉奇。主导这场实验的津巴多教授后来在他的著作《路西法效应》（*The Lucifer Effect*）中回忆到，他在这个实验前后一共接待了50位访客，但马斯拉奇是唯一一个提出疑问并建议停止实验的人。

马斯拉奇就像矿井中的金丝雀。

马斯拉奇后来提到，实验参与者"内化了一系列极具破坏性的监狱价值观，导致他们的行为与自己的人道主义价值观渐行渐远"。类似地，我们自己也上演着各自的"监狱实验"：以成就为纲，几乎从不思考工作给自己的身心健康带来的伤害；我们觉得在一份带给我们无穷慢性压力的工作中扮演一名囚犯是正常的；同样，我们也会快速接受职场赋予我们的新观念，被迫扮演一个注定会经历重重倦怠考验的角色，并坚信"倦怠"是贴在每个人身上的标签。

然而，马斯拉奇强调，虽然倦怠可能很常见，但我们不能将其视为正常。**我们对倦怠的这种"群体性无知"绝对不是我们应该忍受或者对其保持耐心的事情**。

如果你正面临倦怠，或者你感觉自己正在不断接近倦怠状态，不要怀疑是不是自己出了问题，而是要像马斯拉奇一样，审视一下你的工作环境，确定自己是否正身处一个有害的职场环境，这样的环境是否正在对你的身心造成伤害。前面我们提到，在心理层面上，倦怠会同时导致焦虑和抑郁。倦怠造成的生理后果也会迅速累积，这一点已经被一项汇总研究证实。

HOW TO
Calm Your
Mind
科学实证

这项研究梳理了近千项有关倦怠的项目，发现倦怠是很多健康因素的重要预测指标，包括高胆固醇血症、2型糖尿病、冠心病、因心血管疾病住院、肌肉及骨骼疼痛、疼痛体验变化、长期疲劳、头痛、胃肠问题、呼吸问题、严重伤害和早逝等。且不说心理健康，单单是倦怠造成的生理疾病也足够触目惊心，值得我们努力去克服它。

摆脱倦怠状态

那么我们如何才能摆脱倦怠状态呢？

第一种方法是减少慢性压力。要记住，虽然传统上倦怠被界定为职场现象，但个人压力也会导致倦怠。你能够掌控的慢性压力越多，你对抗倦怠的成效就越大。

第二种方法是提高"倦怠阈值"。这是指要清楚慢性压力积累到多大程度时会导致自己产生倦怠。我会在第6章讨论提升阈值的策略。

当生活中的慢性压力累积到我们无法再应对的程度时，我们就会体会到倦怠感。换句话说，我们能够忍受的慢性压力存在一个极限，超越了极限则说明我们已无法再承受生活中的慢性压力。

每当我们面对新的挑战、责任或其他形式的重复性压力，比如频繁出差时，我们离倦怠阈值就会更近一步。我们通常也会经历更多急性压力，但慢性压力对倦怠的影响更大。根据我们生活中经历的各种压力的强度，慢性压力的层次也会有所不同，这一点我在前面就有所阐述。当我们尚未达到倦怠状态时，我们面临的慢性压力与倦怠阈值之间还存在着一个良性的缓冲区，这就为我们承受额外压力，或者应对意外事件提供了余力（见图 2-3）。

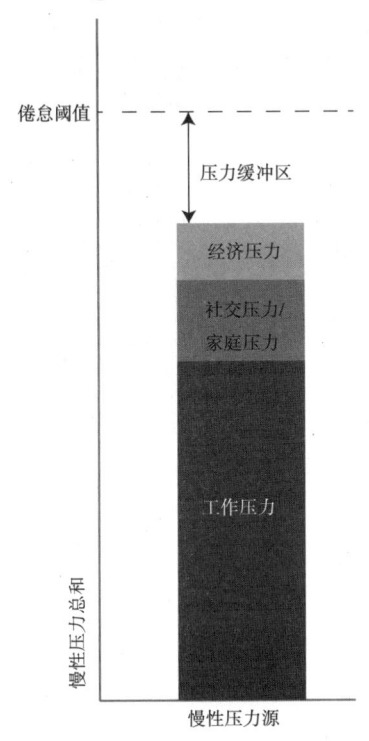

图 2-3　正常的倦怠阈值

然而，过多的压力源最终会将我们推到自己的承受极限之外。例如，当我们一开始就承受了大量的慢性压力时，新的慢性压力源（如新冠疫情）往往就会像压垮骆驼的最后一根稻草，让我们轰然倒塌（见图 2-4）。

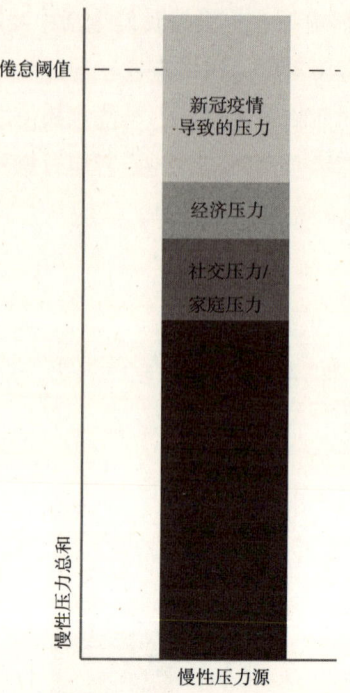

图 2-4　超出极限的倦怠阈值

这也是我们应该努力抑制慢性压力的另一个原因——可以增强我们应对未来压力的韧性。

导致倦怠的 6 个因素

我从马斯拉奇那里学到的第二课是一种更深入理解倦怠的方法，即通过分析和理解导致倦怠的 6 个因素，我们能够更深入地了解倦怠的成因并有意识地克服它。

根据马斯拉奇的研究，工作中有 6 个因素是滋生慢性压力的温床。这 6

　　　　　　　　　　　　　　　　在忙乱的世界找回平静

个因素带来的压力随着时间的推移积累，导致我们逐渐达到倦怠阈值。只要其中几个因素出现问题，我们就可能开始走下坡路，而我们实际面临的往往不只是一个因素的问题。阅读这一节时，请你特别关注自己的状况，记录自己的工作在哪几个方面有问题。不管你是全职主妇还是子女都已成年离家的公司领导，这6个因素一样适用。

因素1：长时间超额的工作量。工作量与疲劳程度密切相关，而精疲力竭是倦怠的3个特征之一。通常，工作要求过高时，我们不得不在晚上、节假日加班。偶尔的工作量激增是正常的，比如需要赶在一个截止日期前完成一项工作，但如果每天都面临超出极限的工作量，那么我们就永远没有机会去休整和恢复。理想情况下，我们的工作量应该与工作能力相当，这样我们更容易进入"心流"状态，在工作时心无旁骛，忘记时间的存在。

因素2：缺乏控制感。这个因素源自多个问题，包括我们有多少自主权、是否有资源来完成让自己感到骄傲的工作，以及是否有自由来规划我们正在从事的项目等。研究表明，对工作的控制感越强，我们的工作满意度和绩效就越高，而我们的心理也更具韧性。控制感缺失的一个常见原因是角色冲突，比如有两个老板、需要对多人负责或面临多人提出的相互冲突的需求。研究人员已经证明，控制感的缺乏与倦怠之间存在很强的关联。

因素3：缺乏奖励。这会极大地增加倦怠产生的概率。谈到工作奖励时，我们往往会想到金钱，但金钱并不是我们从工作中获得的唯一回报。工作的奖励可以是经济上的（如薪水、奖金和股票期权），可以是社交上的（如他人对我们所做贡献的认可），也可以是内在的（如工作本身带来的满足感）。得到的奖励越少，我们越会感到自己的工作没有成效。这个因素与倦怠 3 个特征中的"效率低下"紧密相关。[①]

因素 4：不良的人际互动。这一点与你在工作中的人际关系和互动质量相关。我们从工作关系中获得极大的参与感和动力，然而如果存在未解决的冲突或者缺乏同事的支持及信任，我们会感受到极大的压力。缺乏工作团队的支持不仅会对我们的效率产生灾难性的影响，还会使我们产生倦怠。因此，工作环境中的归属感十分重要。

因素 5：工作环境不够公平。马斯拉奇将公平定义为"工作中的决策是否公正、员工是否得到尊重"。在公平的工作环境中，员工的晋升机会平等，晋升制度透明合理，他们能够得到应有的支持和尊重。公平的工作环境能促进员工的投入，不会导致倦怠的发生。缺乏公平会极大地导致另一特征的出现，即愤世嫉俗。

因素 6：价值观冲突。从本质上讲，价值观使我们能够在更深层次上与工作联系在一起。当工作与我们重视的价值观相符时，我们会觉得可以通过行动体现个人意志，这使得工作变得更有意义。理想情况下，工作应该为我们带来使命感。如果你最初被这份工作或事业吸引的原因不仅仅是金钱，那么你可能已经看到这份工作与你真正在乎的事情是相一致的。我们的价值观与团队和雇主的一致程度越低，我们越不可能觉得工作有意义，越容易出现倦怠。研究表明，我们的价值观是我们与工作场所之间的关键"激励联系"。这远非认同你们公司华丽的使命宣言那么简单，更重要的是你是否觉得你的工作确实有意义。

---

① 作为领导者，如果你想让团队保持健康，最好的方法就是给那些真正出色的成员更多真诚的赞扬。这个建议虽简单，但很重要，因为我们对他人的赞扬远远不够。一项研究表明，如果你是经理，只需要每个季度真诚地赞扬员工 4 次，就可以将新员工的平均留存率从 80% 提高到 96%。考虑到替换员工的平均成本，每次真实的表扬可以为团队节省高达一万美元的成本。但是要注意，赞扬必须是发自内心的，否则可能会适得其反。

这 6 个因素深深地影响着我们的工作甚至生活，如果你正在经历倦怠，可能需要考虑彻底改变你所做的工作或者离开你所在的团队以消除倦怠状态。如果你所处的环境让你在这 6 个因素中的大多数方面都感受到巨大压力，那么要摆脱倦怠困境，你需要离开这个环境，寻找一份真正尊重你和你的才华的工作。无论怎样，你需要为此采取的方法可能会比较极端甚至难以施行，但为了长久的健康，这么做是绝对值得的。

对于管理者而言，如果你手下有一个或多个员工正处于倦怠状态，那么你可能需要面对一个不太令你舒服的事实：你为团队创造的工作环境是有害的，你的团队正承受着过大的慢性压力。通过系统地检查这 6 个倦怠因素，深入思考工作中的哪些方面没有达到团队成员的期望和需求，以这些因素为抓手做出改变，提高员工的幸福感和健康水平。这样做也会使你的团队更加高效，但毫无疑问，员工的心理健康更加重要。请你特别关注工作量、控制感和价值观，研究表明从这几点入手能起到最好的效果。

这 6 个因素中的大多数很普遍，也就是说，如果你的工作有这些因素，那么很可能你的同事也有。如果你工作任务很多（工作量），对自己要做的任务没有多少发言权（控制感），同时感觉与你的同事关系疏离（人际互动），那么你的同事很可能也有同样的感觉。

然而有些因素（如价值观）更加个人化，你所重视的东西很可能与你同事的不同。举个例子，如果你很在意社会支持和充满善意的环境，那么身处一个竞争激烈的残酷工作环境中，你很可能会变得疲惫不堪，对工作失去兴趣。这种情况下，倦怠可能意味着你的工作环境对你的心理健康有害，或者说明你的工作不太符合你的个性和价值观。如果你想更深入地了解是工作环境有问题，还是仅仅因为自己不适合这份工作，那么你可以找一个导师或同事来倾诉，以此确定倦怠是不是大家的普遍问题。如果你发现自己已经产生了倦怠或者正在向这个方向发展，那么你需要找到一种方法来调整工作，让它不再消耗你。你可以通过确定 6 个因素中的哪几个出了问题，直面你所遇到的困难，制订计划，要么改变现状，要么一边坚持一边积极寻找更好的机会。你可以参照下面的方法制订计划。

■ 在平静中高效　　　　　　　　　　　HOW TO CALM YOUR MIND

- 请按照 10 分制，分别从工作量、控制感、奖励、人际互动、公平度和价值观 6 个方面给自己的压力水平打分。
- 确定你在 6 个方面的问题中，哪些是可以解决的，哪些表明你所处的工作环境有害，需要你尽快离开。
- 如果你依然面临相当大的慢性压力，考虑一下你的工作是否真的适合自己。

有的时候，要么迫于生计，要么因为什么其他原因，我们暂时只能在目前的工作岗位上继续工作。但是也会有机会垂青的时刻，让我们能够逃离目前的职场困境，前往一家更合适的公司工作。

如果保持平静是通往"高效"的必经之路，那么一份让你持续处于倦怠状态的工作就是一条死胡同。

我是如何对抗倦怠的

在我自己的工作经历中，我在倦怠的 6 个因素方面的表现好坏参半：最显著的问题是，我的工作量太大了！这主要是因为我接手了很多咨询工作。

那么，尽力减少工作量就是我的第一个措施。这是医学专业人士推荐的一个最常见的克服倦怠的干预措施。请记住：减轻慢性工作压力的最佳方法是从一开始就避免它。

如何在减轻工作量的同时不会降低工作表现？一个有效的策略是将你在一个月内要做的所有工作列出来，然后挑选出 3 项对团队贡献最大的任务。注意，你只能选择 3 项。老板给你高工资也主要是因为你做的这些工作，至少这些也是你的核心工作。剩下的任务可能只是为你的工作提供支持，所以如果你拥有自主权的话，这些任务中的很多是可以移除、委派或者缩减的工作内容。如果你感到倦怠，可以考虑与你的上司一起评估，以明确哪些任务是真正重要的。接着，根据这些任务给你带来的压力程度对它们进行排序，尽可能移除、委派或缩减那些给你带来最大困扰的任务。

还有一个权宜之计，即在一天中找到一些零碎时段让自己休息，提醒自己还有空闲时间，例如在效率时间内安排一些自由时间。不论你的工作量有多大，这样做都能为你的工作创造一个喘息的余地。如有需要，设置电子邮件自动回复，要是真有人需要你，他们可以直接打电话联系你。正如第 1 章所述，每天留出不考虑效率的时间，长远来看能提高工作效率。

除了工作量问题，大部分时候我都在独立工作，几乎没有同事，再加上我的咨询工作，我感觉自己对接手的项目几乎没有任何控制权。在你评估 6 个倦怠因素的时候，重点在于你自认为做得如何。例如，虽然我实际上比自己承认的更能控制我的工作，却有无法控制的感觉。在倦怠现象中，你所感知到的比实际情况更重要。

幸运的是，因为我经营自己的事业，所以我可以制订计划改善我的处境。在分析了我的工作如何导致自己产生倦怠之后，我几乎叫停了所有咨询项目，仅专注于那些我认为最有趣、最有意思的项目。我允许自己在拒绝时不感到内疚。虽然我赚的钱减少了，但更重要的是，我因频繁出差产生的慢性压力减少了。在进行这些改变的同时，我也只与少数几位我能最大程度帮助并共同成长的高管客户合作。这让我更专注于写作、研究和培训，我认为这些工作更有意义，因为它们帮助了更多人，而且这也是我的目标。总之，这些调整减轻了我的工作负担，让我能从事更有意义的工作。

为了寻求更强的归属感，我还与一群从事独立工作的创业者联手，每周与他们保持联系，互相促进彼此目标的实现。如今，越来越多的人独立工作，与同行建立归属感显得尤为重要。

除了减轻工作负担外，这些改变还提高了我对工作的控制感，使工作更有意义，并让我与社群建立联系。我有更多的能力和精力应对挑战。虽然我仍然需要应对一些残存的慢性压力，但至少我能让自己与倦怠阈值保持距离了，也能朝着平静迈出更远的步伐。

我们大多数人在这6个因素上的表现都是参差不齐的。如果你感到了不同程度的疲惫、愤世嫉俗和效率低下，那么你可能并非在每个倦怠因素上都面临困境。一个在非营利组织担任高管的单亲家长可能在工作负担和控制力方面面临较大挑战，但他们的日常生活充满价值感、归属感、公平性和成就感。一个忙碌的单身股票交易员仅仅为了金钱而工作，他可能会感到自己获得了很多回报和控制感，但同时也承受着巨大的工作负担，缺乏给他们带来价值感的事物，并且难以与他人建立社群互动。

请记住：与慢性压力和焦虑一样，倦怠并不因挣钱多少或工作是否具有影响力而进行区别对待。真正重要的就是这6个因素。

我们永远无法做到完美。虽然慢性压力有害，但是在工作中不可避免地会遇到一定程度的慢性压力。在特定时期，例如在公司转型期、在你全力投入新项目时期，或者在新冠疫情防控期间不得不应对连绵不断的视频通话时，慢性压力的增加也属正常现象。

这些情况是没问题的，因为我们都会经历充满压力的忙碌时期，但如果你面临的大部分慢性工作压力无法避免，并且似乎无穷无尽，你才需要尽可能地摆脱或改变这种状况。因为身体的压力反应完全消失才是你需要极力避免的糟糕情况。

在日历中设定一个周期性的提醒可以有效监控你在倦怠 6 个因素上的表现。我在经历过倦怠后，设置了一个 6 个月一次的自我回顾。当你感到情绪低落、疲惫不堪或效率低下时，就把它当作一个提醒，提前进行自我检查。你甚至可以长期跟踪这些指标，以确保各项数据的发展趋势是朝着正确的方向行进的。

鉴于这 6 个因素都可能成为滋生慢性压力的温床，定期回顾自己在这 6 个因素上的表现对于找回内心平静至关重要。

平静 TIPS

- 列出一个月内要做的所有工作，只挑选出 3 项来完成。
- 在效率时间中安排一些自由时间。
- 定期回顾自己在 6 个倦怠因素上的表现情况，与倦怠保持距离。

HOW TO
Calm Your Mind

FINDING PRESENCE AND PRODUCTIVITY
IN ANXIOUS TIMES

第 3 章

贪多心态

当棋局落幕，国王与小兵皆归一盒。

——佚名

到目前为止，我竭尽所能地想在本书中说明一个道理：如果我们不去设置边界，那么成就心态将会变成一个陷阱。在没有限制的情况下，这种心态会导致我们生活乐趣减少、事务增多、慢性压力加重，而倦怠发生的概率也会变高。所有这些都让我们离内心平静的状态越来越远。虽然成就心态不是这些问题的唯一源头，但无疑是它们的帮凶。

看到慢性压力、倦怠和焦虑是如此普遍，我开始深入研究一个问题：

如果成就心态是驱使我们做很多事情的原因，那么是什么导致我们形成成就心态的呢？

成就心态的更深层根源在于我们对"更多"的不懈追求，即一种驱使我们不惜一切代价去追求"更多"的态度。我将这种态度定义为"贪多心态"。

当我们将这种心态发挥得过头时，"更多"便成了我们评判日常生活得失的默认尺度。比如，我们是否赚到了更多的钱，获得了更多的粉丝，变得更加高效？尽管对更多事物的不断追求确实塑造了我们所熟知的现代世界，但我们似乎从未真正停下脚步来反思：把"更多"作为优化人生的核心目标，这样的选择真的正确吗？

要了解这种心态有多普遍，只需回想一下我们在生活中是不是经常追求不可能同时实现的目标。以下是几个例子：

你是否陷入了贪多心态？

☐ 既想练就六块腹肌，又忍不住打开常用的外卖软件多点几份美食。

☐ 既希望在越来越大的房子中添置更多精致物品，又希望能攒更多钱来享受奢华的退休生活。

☐ 既想拥有更多的自由时间，又希望在工作中更加高效和成功。

☐ 既渴望拥有更幸福、更有意义的生活，又想把每分每秒都尽可能安排得满满当当。

这种现象反映出一种奇怪的心理冲突，背后的问题在于"更多"往往只是一种幻觉。在不断地追求"更多"的过程中，我们误以为自己能变得更富有、更知名、更健康。我们好像总能找到更大的房子，购买更新的电子产品。然而实际上，**所有有意义的目标都应有一个明确的终点，即给我们的生活带来切实的改变。因为没有终点的目标只不过是幻想而已。**

我并不是建议你舍弃你的财产，或者放弃你真正看重的人生目标。通常，为了"更多"而努力是值得的，你不应该满足现状。

然而你要反思的是，现代社会默认的优先事项是否真的适合你。如果你认为它们是正确的，那么至少你是为自己做出了这个决定。你可能会认定，只有少数几件事值得努力追求，比如爱情、经济自由和休闲时光。激励我追求效率的最大原因是我是一个懒惰的人，我希望能有更多时间去享受我喜欢的事情。

我们需要对这些默认的目标提出疑问，选择那些与我们价值观相符的目标并舍弃其他的。如果你确实认为生活中的某些成就更值得你去努力，那么请你制订一个计划，并设置一个明确的终点。

无论如何，我们都应该思考是什么在驱动我们的行为。当那些驱动力潜藏在我们周围难以察觉时，这种思考就更加重要。

贪多的代价

努力避免贪多心态看似偏离了我们寻求内心平静这一目标，但实际上这是减少焦虑的关键环节。主要原因有二：其一，追求"更多"会导致慢性压力增加；其二，这种追求会让我们的生活过度依赖多巴胺，而多巴胺会关闭大脑中的平静网络。

当追求的目标与我们所珍视的价值观相符，且需要付出的代价可承受，那么为了这样的目标努力就是值得的。然而，很少有人意识到追求"更多"是需要付出一定代价的。这些代价常常悄无声息地出现在我们的生活决策中，就像一份合同中用细小字体写的隐秘条款一样。比如，在工作中担任更重要的职位可能导致我们疲惫不堪；过度进食会使我们变得懒散和不健康；购置更大的房子可能带来更多债务和家务负担；自己建一座宽敞的乡村住宅可能意味着每天都要忍受漫长的通勤时间，徒增日常压力，还要花更多时间去维护房子；为了拥有完美身材，你需要投入大量的时间和精力锻炼，而这些时间本可以做点其他事情，如与家人共度时光或写一本书，你还不能随心所欲地享受美食。

这些因素大多因人而异，取决于我们的具体目标和价值观，但也存在一些一致性。例如，研究发现，当家庭年收入达到约 75 000 美元时，我们的幸福感开始趋于稳定。这并不是说当你和伴侣的收入达到这个临界值时，就应该停止奋斗。但是我们需要注意在超过这个临界值之后，继续追求"更多"的代价是什么。还以家庭收入为例，如果这份收入高于或低于你所在城市的平均生活成本，你就要相应地调整临界值。我们需要认识到，**所有追求总会有一个临界点，一旦超过这个点，继续追求可能对你不会再有任何益处。**

另外，贪多心态还会让我们有一种永不满足的感觉。这一点是这种心态最令人烦恼的地方，因为无论已经获得了多大的成就，我们总觉得还缺少些什么，导致我们长期处于一种不满足的状态。

科学实证

有一项研究可以充分证明这个现象。参与者被问及需要多少钱才会觉得快乐，结果显示，大多数人都希望能拥有比现在多 50% 的财富。有趣的是，这一现象与一个人赚钱多少无关，即使身价过亿的人也表示想要多 50% 的财富！

从我个人的观察来看，不快乐的富人比不快乐的穷人多。这个现象与品味（savoring）研究领域的发现出奇相似。品味是指我们大脑关注和欣赏积极体验的能力。总的来说，富人在欣赏生活中的积极体验方面的能力较弱。有一项研究发现，仅仅被提醒财富的存在，也会显著减少我们享受生活中的美好时刻时感受到的快乐。下面的例子反映了追求财富是如何损害我们的幸福感的。

假设有一份税后年薪高达 75 万美元的工作，但这份工作会让你的幸福感永久性地大幅减弱，你是否愿意接受这份工作呢？

你可能会说，这个问题想都不用想。然而，贪多心态可能会让你不由自主地去考虑这个问题。

贪多心态并不在乎你有多少钱或取得了多大的成就，它只在意你是否不断地追求"更多"，即使这会导致焦虑并损害你的心理健康也在所不惜。

再来思考一个问题：

假如突然有一天，你不再试图取悦他人，你会少花多少钱？

这个问题反映了一个现象，即身份驱动消费。虽然不情愿但不得不承认的是，我开始购买奢侈品来显示自己的地位，并非因为它们真的能够满足我的需求或者切实提升我的生活品质。追求更多的财富和社会地位让我感到更加优越，但这也给我的经济带来了沉重的负担，多年来我承受着不断累积的财务压力。如果我们一直追逐身份地位，那么我们永远无法真正享受已经拥有的东西。

手机等科技产品就是一个很好的例子。我一直都是个科技迷，密切关注着业内公司如何挑战技术极限。但是，从某个时候起，我开始将最新款的科技产品与身份地位挂钩，以此来评判他人的身份地位。当每一年的新品发布时，我会觉得自己的设备瞬间贬值了，尽管我口袋里的设备并没有丝毫变化。意识到自己如此荒谬地基于这种标准来评判他人，让我很惭愧。这个例子反映了一个更普遍的观念：我们会根据一些无关紧要的标准来评判他人，比如通过物质财富来标榜身份地位。回想一下，我们有多少次在看到一个人时第一时间关注的是他穿什么衣服，或者初次见面时就想把他们的身份地位与自己的放在一起比较，难怪我们见人就问：你是从事什么工作的？

我们的身份地位比他人的高这种优越感会让我们的大脑释放出一种叫作血清素的神经递质，从而带来一种快乐的冲击。但是，不断地与他人比较也会产生更多的慢性压力，因为这会让我们经常觉得自己不如别人。

拥有更多并不一定会带来实质性的不同。别人的手机有两个摄像头而你的有三个，别人家的房子有一个壁炉但你家的有两个，但是这些或许并不重要。我曾经告诉自己我对高品质物品的情有独钟，实际上是想通过购买更贵的东西来满足自己的贪多心态。

我们与他人比较的动力一部分是与生俱来的。作为社会比较理论的创始人，社会心理学家莱昂·费斯廷格（Leon Festinger）曾说，我们天生就渴望了解自己与他人相比处于什么样的地位。贪多心态则加速了这一过程。通过激活我们的比较心理，贪多心态使我们更看重外在而非内在。尽管善良、乐于助人等品质同样会带来成功，但现代文化往往更看重金钱、地位和名望等方面的成就。

当我们积累物质财富时，我们可能"看起来"很成功；但当我们培养内在品质时，我们会"感到"成功。归根结底，没有人真正关心你是不是住在大房子里，或者你是不是某公司的合伙人。用玛雅·安吉罗（Maya Angelou）的话来说，人们其实并不关心你取得了多大的成就，或你是不是比他们拥有的更多，他们真正关心的是你给他们带来了怎样的感受。

被多巴胺控制的生活

贪多心态所带来的代价是巨大的，如果从生物学角度看，这个代价就是：我们日常生活的核心变成了追求多巴胺，而多巴胺过量会破坏平静感，加剧焦虑感，并且从长远来看还会降低我们的工作效率。

人们常把多巴胺称为"快乐激素"，但这个说法并不十分准确。多巴胺与愉悦之间确实存在联系，因为每当我们参与那些在进化过程中带给我们奖励的活动时，大脑会释放这种物质，带来类似于兴奋的感觉。这些活动包括寻找伴侣、品尝甜食和积累更多财产。

研究表明，多巴胺更像是一种与期待相关，而不是直接与快乐相关的物质。它驱使我们去做那些我们认为会快乐的事情，但多巴胺本身并不能直接带来愉悦感。

多巴胺激增的感觉就像你内心深处有个声音在大喊:"太棒了!"这种快感会强化刺激多巴胺分泌的习惯。这是因为在我们即将投入愉悦活动时,也就是当大脑确信快乐即将到来时,它就会立刻释放多巴胺。通过这种方式,大脑学会了将刺激性行为与多巴胺激增联系在一起。

有时多巴胺的表现很微弱,比如查看电子邮件或浏览新闻的时候,有时它表现得很强烈。但无论如何,它总是在我们内心深处,激励我们去参与那些曾经对我们的生存有帮助的活动。

多巴胺为贪多心态提供了神经学基础。在撰写这一章时,我采访了《贪婪的多巴胺》(*The Molecule of More*)一书的合著者丹尼尔·利伯曼(Daniel Lieberman)。他说多巴胺有一个非常特殊的使命,那就是让我们未来可获得的资源最大化。除此之外,这种神经递质还催生了永无止境的不满足感。想想那些永远都在追求财富增长 50% 的富豪们。**当人们被多巴胺驱使时,所取得的成就越多,就越会努力追求更多。**

如此一来,推动贪多心态的多巴胺又创造了另一个循环,一个不满的循环。这是因为多巴胺总是让我们渴望两件可能破坏平静的事物:更多的成就和更多的刺激。

在前几章中,我主要讨论了成就这个主题。越是努力追求更大的成就,行为就越会被多巴胺驱动。尽管每追求一次成就都伴随着一定的成本,但总的来说追求成就本身并没有错。制定目标是有益的,当我们将内在的驱动引导到对自己极具意义的目标上时,我们能够过上更好的生活,能更真实地体现个性和价值观。然而,当雄心壮志泛滥后,人会在各种情境下都力求成功。这种无止境的雄心壮志会破坏内心的平静。

有雄心壮志是一个非常吸引人且容易被误解的现象。研究人员蒂莫西·贾奇（Timothy Judge）和约翰·卡梅耶－穆勒（John Kammeyer-Mueller）把有雄心壮志定义为"持续并广泛地追求成功、成就和目标的实现"。有雄心壮志本身不一定是坏事，尤其当我们能把由雄心壮志带来的力量用来造福家人和社区时，这种雄心壮志其实很美好。

然而，**无止境的雄心壮志通常源于对多巴胺的过度依赖**。当我们的大脑中充满多巴胺时，我们甚至不会去质疑为什么要不断追求，或者为什么我们很少去品味已取得的成果。在追求更多的诱惑下，我们可能在做决策或安排时间时忽视我们的价值观。每当我们取得进步、实现目标或斩获新成就时，我们的大脑会再次释放令人愉悦的多巴胺。那一刻，感觉是如此美妙。因此，我们继续追求更多成就，而不断推迟体验心灵平静和享受成功滋味的时刻。

多巴胺不仅让我们渴望不断取得成就，还促使我们继续寻求更多刺激。每当我们关注全新的东西，例如朋友圈动态、电子邮件和新闻时，我们的大脑就会释放一定量的多巴胺，让我们产生满足感。这就让控制慢性压力这件事变得至关重要，同时也异常困难。我们无法想不分心就不分心，无法选择不让自己陷入数小时的网络冲浪中。我们确实能逐渐适应某些慢性压力，但当这些压力与多巴胺结合在一起时，它们便有了上瘾性。

我们都曾有过改变世界的雄心壮志，但往往在日常生活中，我们更愿意在社交媒体上消磨时间。比如，在每年新年伊始时制订一份全年的健身计划，却坚持不了多久又肆无忌惮地点外卖。每个周一的早上都给自己设定了一个满满的周工作计划表，但在周二的午后又陷入不断查看电子邮件的低效状态。

我们的生活被多巴胺控制了。

我们恨不得把生活中的每一秒掰成两半来用，只是为了让我们的大脑能连续不断地接收刺激，想来也是有几分讽刺。单纯打扫房子已经不能满足我们了，我们在打扫房子时还要听着播客，播放完播客软件里的待播清单；单纯听一会儿自己喜欢的音乐？那怎么行，必须得同时处理手机上的琐事；单纯遛个弯顺便去趟超市也不行，必须得一边走一边听本有声书，或者至少也要和朋友聊聊天。一心二用本身并没有错，但是当我们这样做只是为了满足自己潜意识里对"更多"的贪念时，反而对自己造成了更大的伤害。**忙碌会让我们产生高效的错觉**。大脑处于忙碌状态时也会大量分泌多巴胺，而正是多巴胺让大脑误以为我们正在高效工作。这种对刺激的屈服严重破坏了我们内心的平静。

我们总是告诉自己要充分利用时间，但实际上我们只是屈从于神经递质的驱使。

与慢性压力和倦怠一样，我们之所以陷入了不断寻求刺激的焦虑状态，既是因为受到了外部环境的影响，也是因为这在一定程度上是我们的生物本能，但是尽管如此，我们仍然有责任去调整这种状态。

在追求"更多"和享受成果之间找到平衡

请你思考一下这个问题：

如果把你生活中所有花在受多巴胺驱使的习惯、常规事项和行为上的时间全部剔除，包括花在你忍不住要看的所有网站和应用程序，以及所有你渴望拥有的事物的时间，那么你的一天中还会剩下多少时间呢？

一开始回答这个问题时我感到十分不适，我发现自己剩下的时间并不多。的确，我付出的很多努力都与我的价值观一致。但同时，我也花费了大量精力在无意识地追求心理刺激上，或者不断获取那些我并不看重的东西，其中包括地位和物质财产上。

对于我来说，丧失内心的平静是从我第一次拥有了智能手机开始的。它的正面全部是屏幕，背面是光洁的黑色机身，运行起来非常快速；手机运营商每月还提供许多流量，可以方便我随时随地与任何人联系，这真是让我爱不释手。

一开始，使用这部手机就像是施展魔法。但是随着时间的流逝，这个设备以及其后继的一系列手机，不仅没有带来预期的效果，反而损害了我的心理健康，让我开始焦躁不安。手机从一个能让我与世界建立联系的媒介，变成了一个从我已经精疲力竭的大脑中挤压多巴胺的工具。使用手机的时间越长，我就越频繁地用珍贵的注意力去换取那些使人麻木的刺激，同时还自我安慰说自己正在高效地工作。这是我第一次对多巴胺上瘾的经历。

在反思这个问题时，我发现我为自己追求多巴胺的行为制造了很多借口。早上刚醒来还睡眼惺忪时，我便会迅速拿起手机查看新邮件，告诉自己我有重要的事情要处理；一边吃早餐一边刷朋友圈时，我会告诉自己这是忙碌的一天开始前必要的放松时刻；在工作间隙或者在视频会议中感到无趣时，我会点开一个新窗口看新闻，告诉自己我需要了解世界上正在发生的大事。我告诉自己所有这些行为都与寻求刺激无关。但我内心清楚，我其实什么都没做。

遗憾的是，在现代社会中，由多巴胺驱动的习惯如同流水一般填满了我们日常生活的点滴空隙，让我们失去了真正反思、休息或保持内心平静的机会。

我想再次强调一下，请你不要因为这个问题而责怪自己！你的许多习惯可能是受到了这种神经递质的驱动，但是在很多情况下，这是可以接受的。所幸的是，我们可以通过改掉由多巴胺驱动的一些不必要的习惯，让我们重新找回生活的平衡。

在实际生活中，平衡到底是怎样的呢？或者说，平衡的感觉是什么？

你是不是觉得自己过去注意力集中的时间比现在要长？你是对的，而且有这种感觉的不止你一人。回想那些还未被技术主宰的日子，我们可以相对轻松地进入平静和专注的状态。下班后，我们可以舒服地躺在沙发上安静地读一两个小时的好书，而不是把注意力分散在好几个电子屏幕上。在按了几次数字时钟上的贪睡键后，我们慢慢悠悠地开启了新一天的生活，惬意地规划着当天的事宜，或者单纯想一想早餐吃什么。我们会向内审视以规划一天，而不是立即寻求外部刺激。如果你看过那些老电影，被里面简单、没有电子设备的生活所吸引，那么我要告诉你：在这个数字化时代，你依然可以找回那份平静，同时也充分享受科技为我们带来的便利。

对我们来说，幸运的是，大脑中不仅有与刺激和成就相关的多巴胺网络，还存在平静网络，激活平静网络后可帮助我们找回平静。有趣的是，大脑中的多巴胺网络和平静网络是互斥的，即当多巴胺网络被激活时，平静网络便不会被激活，反之亦然。

平静网络能让我们享受生活并全身心地投入正在做的事。这就是你在小木屋里悠然享受晨间咖啡，或者在夜晚凝视篝火入迷时的那种状态。多巴胺网络致力于最大限度地拓展我们的未来，而平静网络则提醒我们工作已经完成，是时候停下来好好休息，品味当下的一切了。平静网络能让我们更专注于自己的生活，让我们深深地沉浸在当下的时刻里。最重要的是，它能让我们专注于身边的人和事。

通过降低对多巴胺的依赖，我们能够更自如地在多巴胺网络和平静网络之间切换，就像回到了多巴胺尚未攻陷人们生活的过去，拥有那个为了享受过程而做事的自由灵魂。

虽然多巴胺激发的兴奋感令人着迷，但是与大脑中的平静网络有关的神经递质同样强大，更不用说它们带来的美好感受了。这些神经递质主要有 3 种：

- 血清素，让我们感到快乐。
- 催产素，带给我们亲密感。
- 内啡肽，让我们感到狂喜。[①]

平静网络被激活时，多巴胺的浓度较低，通常与上述这些神经递质保持平衡。如果你发现你的大部分时间都以多巴胺为中心，那么你可能需要这些化学物质来加以平衡。

后面我会详细探讨这些神经递质的具体作用。如果你发现自己与过去相比，生活的满足感减弱了，与他人的联系也减少了，也许这种感觉是从你拥有第一部智能手机开始的，或者在你工作环境中信息互通变得更加密切之后产生的，不管怎么说，你不是个例。任何与多巴胺有关的活动都会抑制大脑的平静网络，这种抑制又让我们很难放下手里的工作，去享受已经取得成果。

[①] 需要提醒的是，这些描述都是概括性的，因为这些神经递质的作用非常复杂，很难用一句话简单概括。但一般来讲，这些神经递质具备上述的效果。

和效率图谱一样，平衡在这里至关重要：我们不希望过度关注任何一个网络。**以追求多巴胺为目标的生活会导致在痛苦中高效，而过于关注当下则会导致过度懒散**。我们需要在追求更多和享受成果之间找到平衡。

幸运的是，有两个方法可以帮助我们实现这一目标：将倦怠转化为投入和创建品味清单。

将倦怠转化为投入

马斯拉奇在她的倦怠研究中发现了一个非常有趣的结论：倦怠感的对立面是投入感。实际上，通过将倦怠的 3 个特征进行翻转，我们就可以将倦怠转化为投入。当我们感到倦怠时，我们会感到精疲力竭、效率低下以及愤世嫉俗。而当我们全情投入时，我们会感到充满活力、效率极高，并且产生强烈的目标感。

即使你没有感到倦怠，你也可以通过转化导致倦怠的因素来提升自己在工作和生活各方面的投入感。

慢性压力会导致倦怠，所以通过控制生活中的慢性压力，我们的倦怠感会降低，投入度也会同步提高。对于那些显而易见的慢性压力，这一点也是适用的。克服这些干扰因素能降低大脑多巴胺回路的活跃度，同时增加大脑平静网络的活动。因此，减少慢性压力会让我们感到更平静，同时也让我们更投入、更专注、更活在当下，从而更高效。即使考虑到一些压力很难控制，这样的回报也是相当不错的。

当我逐步控制了自己的慢性压力并改善了我在倦怠6个因素上的表现后，我发现自己不需要采取额外的干预措施就能更加投入于眼前的工作。通过控制慢性压力，特别是那些隐藏的压力，我的专注度得到了提升，我能够很轻松地投入眼前的工作中。当然，我仍然会面临一些阻力，但是这种阻力已经大量减少，仅为之前的一小部分。多巴胺干扰因素因其刺激性质仍然令我渴望，但我已经能很好地控制这种欲望了。随着时间的推移，我逐渐意识到投入所蕴含的巨大能量。

当我们全身心投入时，我们就是在为实现目标而努力。我们会避免充斥着多巴胺的分散注意力的行为，因为这些行为并不利于我们所要完成的工作。通过专注于当下而非寻求刺激，我们能够不断推进工作和生活的进步。

全身心投入的状态太美妙了，我们到底该如何让这种状态持续下去呢？

最重要的是奠定基础，即消除不必要的慢性压力，尤其是6个倦怠因素所带来的压力。奠定这个基础之后，你可以参照以下建议来提升投入度。这些方法在我追求平静的过程中都发挥了作用。

■ **在平静中高效**　　　　　　　　　　　　　HOW TO CALM YOUR MIND

- **在每个工作日结束时，回顾一下你这一天的投入程度。**

    如何衡量每天的工作和生活状况并没有固定的标准，你应该根据自己的价值观和实际情况来设定评价标准。在研究了平静之后，投入度成了我衡量自己工作表现的标准。我逐渐意识到，我们应该把投入度作为优化工作日的关键指标。每天结束时问自己：今天我在工作中的专注程度如何？有多少次向多巴胺屈服了，用忙碌来刺激我的大脑？有多少时间是真正全身心投入手头工作的？此外，反思一下你投入其中的工作是否重要且有意义，也是大有裨益的。

- **放慢工作节奏。**

  在进行深度知识型工作时我反复学习和体会到的一课是，工作速度越慢，我的工作所产生的影响往往越大。这样一来，随着时间的推移，我能创造出更多让自己引以为豪的成果。如果你也像我一样看重效率，不用担心，放缓工作节奏有助于我们在重要事务上取得更大进展，相比之下速度的降低不值一提。

- **关注哪些多巴胺驱动的压力源又逐渐回到了你的生活中。**

  解决这些潜在的慢性压力源绝非一劳永逸，而是一个持续努力的过程。当我们逐渐摆脱对多巴胺的依赖，更多地专注于当下的工作时，这个过程会变得更容易。你会发现做这件事与玩游戏完全相反：起初可能会很艰难，但随着时间推移会变得越来越轻松。警惕那些悄然回归的干扰因素，并告诉自己为什么要花时间在这些事上。

- **创建成就清单。**

  尽管你实际完成的工作量没有变化甚至增加了，但是随着忙碌程度的降低，你可能会产生效率降低的错觉。对抗这种心理偏见的一个好方法是创建一份成就清单。顾名思义，创建成就清单就是记下你在一周的工作中达成了哪些关键目标、推进了哪些项目，取得了哪些进展。你会惊奇地发现，多一些投入、少一些忙碌，我们反而能完成更多的工作！

- **在面对不断变化的慢性压力时，要关注自己在工作和家庭生活中的投入程度。**

在你应对来自 6 个倦怠因素和生活中的其他慢性压力时，观察自己是否在工作中变得更专注，是否拥有更多精力能让自己在家庭生活中继续保持投入的状态。在改变习惯的过程中，提高自我意识非常重要。当你注意到自己的习惯有所改善时，你会更有决心和动力投入时间、精力和注意力去培养好习惯。

- **以成就心态确立目标，以投入精神实现目标。**

  在进入效率时间之前，先思考一下你希望用这些时间达成什么目标，然后在接下来的时间里保持高度投入。通过关注投入程度，你会变得更高效，也会在效率时间中取得更多成果。

慢性压力会破坏我们抵御这个过度忙碌和焦虑世界的保护屏障，这种情况往往是我们顺从多巴胺驱动造成的后果。

当我们积极对抗这股力量时，我们会找到更深层次的平静。

创建品味清单

我在与人初次见面时最喜欢问的一个问题是：

你最享受的事情是什么？

在问过很多人后，我惊讶地发现有太多人根本不知道怎么回答这个问题，尤其是男性。

研究显示，女性更有品味，并且这种性别差异不论年龄、文化都存在。我认识的几位成功男性被问到这个问题时，通常都会感到困惑且无言以对。他们往往需要几秒钟的反应时间，整理思绪后才能回答。我们前面也提到过一项研究，发现富人品味生活的能力很弱。开展这项研究的研究人员总结：财富可能会对人们品味生活的能力产生负面影响，所以财富可能无法带来人们所期望的幸福。

对于"你最享受的事情是什么"这个问题，每个人都需要有一个答案，最好能有几个答案。

当我们的生活还没有围绕多巴胺展开的时候，这个问题不会让大多数人茫然无措。那时我们更懂得品味生活中的点滴时刻，比如仲夏度假小屋里的闲暇时光，在飞机上偶然与陌生人的畅快对话，与亲朋好友热热闹闹地共进晚餐，在客厅里玩棋盘游戏，在长途旅行中与家人玩字词游戏，以及悠闲品味一杯晨间咖啡等。

在多巴胺的驱动下，我们很难能做到像比利·乔尔（Billy Joel）在《维也纳》（Vienna）这首歌中唱的那样，"断开电话，消失一段时间"。我们总是行色匆匆，错过生活中最美好的瞬间，或者压根不知道这些美好的存在。我们发现深度品味生活的美好反而成了一个艰巨的挑战。在贪多心态和推动这种心态的多巴胺的驱动下，我们必须积极寻找平衡。

享受当下为我们提供了一个独特的机会，让我们可以有意识地从一味追求成就的心态中解脱出来，暂时把雄心壮志放在一旁，真正地享受当下。我想再次强调这一点：如果你在奋斗的过程中不能享受成就带来的果实，那么积累这些成就又有什么意义呢？享受生活既是一种实践，也是一门科学。它让我们可以从目标中暂时抽离，享受当下的美好时刻。

换个角度来看享受当下，我们实际上是在刻意选择低效，把目标暂时放在一旁，转变为一种刻意享受生活的心态。至于目标，你大可不必担心，它还会在原地等你。下面是我向你发起的一项挑战：

> 请列出所有能带给你享受的事物。如果没有灵感，想想那些曾经让你感到无比享受的宁静时刻，可能是在你拥有智能手机之前，或者新冠疫情还没有出现的日子。如果你觉得这项挑战有点困难，那么请你思考一下在忙于完成各项任务的过程中，哪些瞬间给你带来了满足感。请将这些事物记录在一个你能够经常看到的地方。

坦率地说，在我追寻内心平静的初期，品味这件事感觉像是个苦差事。但我还是列了一份清单，试着去品味其中的一些时刻。我的清单主要包括（排序不分先后）：

- 看伊丽莎白·吉尔伯特（Elizabeth Gilbert）、斯蒂芬·金（Stephen King）、贝弗利·克利瑞（Beverly Cleary）或尼尔·斯蒂芬森（Neal Stephenson）写的任何一本书。
- 在我家附近的林间散步。
- 在街头咖啡店里品尝一杯高档的坚果拿铁。
- 把手机调成飞行模式，伴着耳机里播放的钢琴曲在市中心漫步（钢琴曲也是工作时绝佳的背景音乐）。
- 体验新款机械键盘。
- 在动感单车上挥汗如雨。
- 一边品尝晨间的抹茶，一边阅读晨报。

- 夜晚和妻子一起享受美酒并打牌。

这里只是列举了一小部分，但你应该能理解我的意思。

每天都从你的清单中选择一件事，去全心全意地享受片刻吧。不管你在这件事上花多少时间，要确保每天都投入一定时间。在这个过程中，如果你发现自己的思绪开始飘向工作或其他任何事情时，要轻轻地把它拉回来，重新将注意力集中在当下的愉快体验上。

在你品味的同时，要留意你对这个挑战的自我解读。你的内心对话可能会异常活跃，你的多巴胺神经回路可能会不稳定，不愿意接受这个挑战。但别担心，你有充足的时间来完成这个挑战。尽管你需要从繁忙的生活中挤出一些时间来，但这没关系。只要记住，坚持这样做一段时间后，你的大脑可以重塑，更容易进入平静和投入的状态，而你付出的时间最终会得到回报。

研究发现，有意识地去品味生活中的积极体验的确能带来惊人的好处。平均来说，我们每经历 1 件坏事，就会经历大约 3 件好事。这个比例在研究中被反复证实。然而，由于我们的大脑对潜在威胁高度敏感，所以我们对负面信息的处理往往比对积极信息的处理更为深入。这种对负面事物的过度反思直接引发了焦虑，更别提它还让我们低估了生活的美好。

虽然生活中每个人遇到的好事和坏事的比例各不相同，但总的来说，大多数人面临的比例是 3∶1。如果我们整体的心理状态也与这个比例相符，那么我们应该在 3/4 的时间里感到平静，而不是压力重重甚至焦虑不安。我们可以通过"在脑海中更多地回味愉快经历"使自己关注生活中的积极体验，让这些体验更加持久，并赋予它们更深层次的意义。从这个角度看，意义不是我们"寻找"到的东西，而是我们在生活和周围世界中"关注"到的东西。这就是品味的作用。

当刻意去品味一天中的积极经历时，我们会同时变得更快乐、更平静、更投入。

开创了品味研究领域的弗雷德·布莱恩特（Fred Bryant）通过研究发现，快乐的人有一个共同点，那就是他们都能更深入地品味积极体验。你可能预料到了，深入地品味积极体验会带来更高的投入度并减少焦虑。品味积极体验行为本身会延长这些体验的持续时间，并且，品味积极事件的能力越强，抑郁和焦虑就会越少，家庭冲突会越少，自我评价会更高，我们自身也会更具韧性。更高的品味能力与更高的正念水平、乐观心态等都有关。

研究还发现，品味的行为会显著减少抑郁症状，对老年人来说，品味会使他们"无论健康状况如何，都能保持更高的生活满意度"。

这些发现值得我们深思，尤其考虑到布莱恩特所说，品味是"一种可以通过实践培养并提升的技能"。鉴于这一点，我们或许有必要优先培养品味水平，以享受我们每天高效工作带来的成果，因为当我们这样去做时，我们收获的益处远超我们的想象。

品味是享受生活中美好事物的艺术，可以视为将积极时刻转化为积极情感（如喜悦、敬畏、自豪和愉悦）的过程。在这个过程中，我们关注并体会积极经历的整个过程。[1] 根据布莱恩特的研究，品味不仅让我们更好地享受经历，它还帮助我们在追求和享受之间取得平衡。对于消极体验，我们可以选择回避或应对。对于积极体验，我们应积极品味。

每天晚上入睡之前，我和妻子都会分享彼此感恩的 3 件事。像这样简单的感恩习惯不仅会让人感觉良好，还会让我们更加享受生活，能注意到周围更多的积极事件，而且表达感激之情本身也是品味我们所得的一种方式。

我们甚至可以品味过去和未来的体验。比如，在脑海中品味过去的快乐经历，感恩曾经的一切。品味未来可能在实践中要更难一些，但因为期待和憧憬，未来要发生的事情会变得激动人心，比如我们掰着手指头计算还有多少天就可以去度假时就是这样。有趣的是，研究表明，期待行为会让我们在事情真正发生时能更深入地享受其中，并在日后更珍视这段回忆。这种现象背后的原因是"期待创造了情感记忆痕迹，成为我们体验和记忆的一部分，会在我们实际经历该事件或者回忆这个体验的时候被重新激活"。

品味不仅仅是达到投入状态的捷径，也是获得快乐心境的捷径。

在你第一次尝试品味生活时，你可能会发现这个过程很难，你的大脑也会抵抗这个过程，其间你的消极自我对话可能会突然增加。在一个追求更多的世界里，品味当下简直就像是一种反叛行为。你甚至可能偶尔会向大脑的抵抗低头，去刷了 Instagram、查看了电子邮件或者思考了你之后要做的所有事情。

---

[1] 品味与心流、正念这两个概念相互关联，但它们又是独立的主题。根据布莱恩特的说法，心流与品味不同，因为心流"对体验的有意识关注程度远低于品味"。心流还暗示着我们在从事与自己技能水平相匹配、相对有挑战性的任务。品味也与正念的概念不同，因为品味的关注范围更窄，即我们只专注于积极的事物，而不是客观地审视我们的体验。

大脑的抵抗是正常的，在这个过程中，请你尽可能地观察和注意自己的内心感受和反应。例如：

- 注意你的心理反应，当你的思绪从过度刺激中逐渐恢复时，你可能会感到无聊。
- 注意你的渴望和冲动，包括你想拿起来的手机、想要记录下来的想法以及你下意识开始规划的事物。
- 注意你的自我对话，你是否因为暂时放下追求成就和贪多心态而过于苛责自己？你是否依然在考虑时间的机会成本，或者告诉自己品味当下是愚蠢的行为？你是否因为投入精力于提高专注力、因为暂停工作或推迟实现目标而感到内疚？

在你重塑大脑的思维模式，让它变得更平静和投入而不是更焦虑和分心时，这样的抗拒属正常现象，甚至是可以预期的。

然而，懂得品味生活能让我们感恩自己拥有的一切，哪怕是微小点滴。贪多心态和成就心态最大的问题在于两者都是建立在以追求多巴胺为核心的生活之上，因此都无法给我们带来长久的满足感。只有当我们突然拥有超出预期的东西时，比如更多的钱、更多的粉丝、更多的朋友等，贪多心态才会让我们感到满足，但这种感觉短暂易逝。

与这些心态不同，品味让我们感到满足。生活中已经有这么多美好的事物，我们要做的就是注意到它们的存在。由此，我们可以更频繁地体会到内心的丰盈。

每天品味一件小事是一个简单有效的方法。与书中分享的其他方法一样，它有助于我们获得内心的平静。但它真正的魔力在于可以消除不断追求

"更多"所带来的消极影响，让我们暂停奋斗的脚步，专注于我们手头正在做的事。此外，通过珍惜此时此地发生的一切，品味还能帮助我们在人生的方方面面做到全情投入、活在当下，而此时此地正是平静与效率并存之处。

取得更多成就固然重要，你可能也希望在生活中获得更多。但我希望你能发现，尽管在我们生活的某些领域，成就心态可能会有所帮助，但通过训练大脑去品味生活，我们可以放下这种心态，找到平衡，在达成所愿的同时真正享受生活。

以这些奇妙的方式品味现在、珍惜当下，能让我们获得力量去克服追求"更多"的欲望，达到更深层次的平静。

平静TIPS

- 用投入度而不是忙碌度来衡量工作日的表现。
- 创建成就清单，打破假性高效。
- 列出一份品味清单，每天挑一件事情来品味。

HOW TO
Calm Your
Mind

FINDING PRESENCE AND PRODUCTIVITY
IN ANXIOUS TIMES

第 4 章

超常刺激

要想活过百，身心要活跃。

——日本谚语

为了更好地探讨现代世界对我们内心平静感的影响，我们需要先关注数字干扰这一问题。这是因为在现代世界中，我们很多的多巴胺都来自数字世界的刺激，这一点非常重要。

以 YouTube 视频网站为例。我写下这些话的时候，你可以在 YouTube 上观看的视频达数 10 亿之多。这个网站的规模非常庞大，要去准确描述它的规模实际上是非常困难的，因为没有适合用来比喻它的物体或图像，你无法想象它的规模。该网站每分钟就有超过 500 小时时长的视频上传，这相当于每 24 小时就增加 3 万多天的新内容。确切来说，YouTube 是继谷歌之后全球第二大搜索引擎，而谷歌拥有 YouTube。[1] 即使把中国这个世界人口

---

[1] 严格来说虽然谷歌是运营其母公司 Alphabet 互联网业务的总公司，但实际上 Alphabet 是控股公司，拥有 YouTube 和谷歌这两家公司。类似的情况也适用于 Facebook 的控股公司 Meta。

大国主要使用的天猫和百度等网站算在内，YouTube 仍然是全球第二大网站。该网站提供 80 多种语言的本地化服务，可在 100 多个国家中使用，网站每天的访问量超过 10 亿次。令人惊讶的是，每个月有 20 亿（约占全球居民的 1/4）注册用户访问该网站。因此，YouTube 也可以被认为是仅次于 Facebook 的第二大社交媒体网站，拥有约 27 亿用户。

YouTube 是互联网实际意义上的视频中心。这意味着该网站上的视频种类是非常丰富和多样化的，几乎可以涵盖人们的各种兴趣和主题，诸如产品评论、操作方法、人们生活日常的视频日志、脱口秀剪辑，以及电子游戏的操作视频等。

如果你仔细观察，就会发现 YouTube 就像是将广播电视颠倒过来得到的产物。电视是为了迎合大众而设计的，而 YouTube 则展示最适合你的内容。电视频道一次只能播放一个节目，并且必须减少一些具体内容的呈现，以吸引尽可能多的观众。而 YouTube 可以为网站上的每个用户播放不同的视频内容。此外，YouTube 上可以存在多少内容也没有实际限制，谷歌公司可以随时购买更多的存储空间来扩展其服务器。每分钟新增超过 500 小时的内容？完全没有问题。

对于视频内容来说，没有特定的限制或要求，内容可以非常细分和专业。当你偶然发现那些非常符合你兴趣的视频时，你会更享受它们。细分和专业的内容至少在理论上对每个人都有好处：你在网站上花费更多时间，而谷歌有更多时间向你展示广告。你可能会接触到更多新颖的内容，而谷歌会赚更多的钱。

此刻，我正在浏览网站推荐给我的视频，其中包括关于计算机机械键盘开关的介绍视频、与天文学相关的视频，以及从乔布斯早期主题演讲中提取的长达一个小时的视频片段，等等。

你可能不会对所有这些视频都感兴趣，因为这些推荐内容是根据我的兴趣和需求推送的。这也解释了为什么我会一次次地反复观看这些视频。如果你使用这个网站，你也会不断反复观看的。

沉迷数字世界让我们离平静越来越远

理论上，在 YouTube 这个视频的海洋里，总有那么一个完美的视频是适合你的。它可能会让你笑得失控，可能会让你痛哭流涕 20 分钟，并永远改变你对某个话题的看法，或者可能会激励你在接下来的两个月内减掉 9 千克体重，并且保持这个瘦身状态一辈子，使体重永不反弹。这个视频可能就在网站的某个地方，而 YouTube 的任务就是帮你找到它。

谷歌的核心竞争力是算法。算法能够提供网络搜索结果、YouTube 推荐、谷歌邮箱搜索结果和谷歌地图路线规划等方面的服务。其中，公司最主要的算法显然是网络搜索：对许多人来说，谷歌就是在网上搜索的代名词。我们不会说嘎嘎搜（DuckDuckGo）或者必应（Bing）一下，我们会说谷歌（google）一下。在前一句话中，我电脑的英文拼写检查甚至都没有试图将谷歌公司的名字大写："谷歌"一词的动词用法已经成了一种语言习惯。

假如在亿万体量的视频海洋中，确实存在一段完美契合你的视频，那么像 YouTube 这样的产品又该怎样找到一种方式展示给你呢？

基本上，它的工作方式与人类的类似，就是通过尽可能多地了解你来实现。YouTube 对你的喜好了解得越多，就能给你推荐更为个性化的视频。通过收集你的兴趣、个性、心情和收入水平等信息，并将这些数据输入到一个复杂的算法中，它就可以在瞬间确定最令你心动的视频。想想这一切仅仅发生在一两秒钟内，多么令人难以置信。但同时也有些令人担忧，尤其应该注意这种算法可能会利用多巴胺的作用，不断推荐使你感兴趣的视频，让你陷入一种过度依赖的不健康状态。

推荐算法是 YouTube 的竞争优势。但是，我们可以思考一下：如果是我们在运营 YouTube，可能会利用哪些信息来找到最适合推荐给用户的视频？最显而易见的答案是尝试勾勒出谷歌收集的用户画像，并找到最有多巴胺效应、最有可能让他不断回来观看的内容。

如果你是普通用户，那么 YouTube 可能已经对你的信息了如指掌了。它知道你的搜索和观看历史，了解你喜欢的频道和登录的位置（通过你电脑的 IP 地址）。即使你没有登录，该网站也会记录你鼠标悬停预览的视频以及你访问网站的时间——因为你在午餐时间和凌晨失眠时观看的视频是不同的。

难怪 YouTube 经常提示我们登录，因为只要一登录，谷歌就可以将我们的 YouTube 数据与其他已知的用户信息关联起来。如果你已登录谷歌账号并在谷歌上搜索信息，YouTube 就会知道你在互联网上搜索的内容。仅凭这些信息，YouTube 就足以深入了解你、把握你的兴趣，并了解你最近的心情。

如果你使用谷歌浏览器，特别是启用了"同步"功能，这将使你的书签和历史记录在多个设备之间同步，并让你保持登录状态，那么理论上，谷歌就可以对这些信息进行分析了。

如果你使用谷歌邮箱，谷歌就会了解你都与哪些人进行了通信（即你的社交网络图）、订阅了哪些新闻资讯，以及你在网上购买了什么商品（亚马逊和其他公司会在确认邮件中隐藏购买信息，这可能是为了防止像谷歌这样的公司将这些信息添加到你的个人资料中）。

如果你使用谷歌地图，谷歌公司就能了解你曾去过的处所、常去的餐厅以及你习惯的出行方式。此外，这项服务还可能掌握你未来的旅行安排。

如果你是一名普通的互联网用户，在未使用广告拦截器的情况下访问网站，谷歌还能了解你浏览过的许多网站。它的分析工具会监测你在网站上的活动，以便网站所有者收集流量和统计数据。分析工具能够记录你在网站上停留的时长、查看过的页面，以及你最初是如何找到这个网站的。

不仅如此，你使用的谷歌云账户和谷歌新闻等应用程序也会向谷歌提供更多的信息。谷歌收集到的关于你的数据可能足以填满一本厚厚的书。

然而，所有这一切背后的逻辑其实很简单：**推荐给我们的视频越是个性化，就越能刺激多巴胺的释放，从而让我们越上瘾，不断吸引我们观看更多视频。**

正如老话所说，要理解一家盈利企业的动机，"追踪资金"总是有帮助的。在 YouTube 的案例中，我已经提到了这款软件主要的优化目标是让你一直使用它。从这个具体的例子中跳出来，从更广泛的角度来审视问题，你会发现大多数基于算法构建的科技公司都是如此。你花在 Instagram、Twitter 和 YouTube 等应用上的时间越多，这些软件就能赚到越多的钱。它们会在让你沉迷的内容之间安排广告，以便利用更多时间向你展示广告。在我撰写此书时得知，谷歌 80% 的收入都来自广告。过去 10 年里，这个比例一直维持在这个水平。令人惊讶的是，在充满动荡和颠覆性的硅谷世界中，这竟然成了一个稳定且可靠的收入来源。

Facebook 同样也是如此。实际上，Facebook 的广告收入占比比 YouTube 的还要高。在撰写本书的最近一年中，Facebook 97% 的收入都来自广告。这两家公司合起来占据了互联网广告市场的 61%。如果在 Instagram 的设置选项中查找你的"广告兴趣"，尽管 Instagram 可能在某些方面出现滑稽的错误，但你会发现它在了解你这方面出奇精准。为了收集你的兴趣，Instagram 会监控你在 Instagram 和 Facebook 上的活动。据新闻网站 Mashable 报道，Instagram 甚至会从你通过 Facebook 登录的第三方应用和网站中获取信息。

我很早就在 Instagram 上禁用了"广告跟踪"功能。但在停用这个功能之前，我恰巧截图了谷歌识别出的我所感兴趣的内容。这个列表中竟然有 177 个内容都是我感兴趣的。虽然其中有些内容略有偏差（比如俱乐部、格斗运动、豪华汽车和足球，这些都不是我特别感兴趣的），但列表 90% 以上的项目都非常准确，甚至连我自己都没发觉的小众兴趣也有。例如：音频文件格式和编解码器、时钟、开发工具、分布式计算、智能家居、音响库、电视喜剧、视觉艺术与设计、瑜伽，等等。

看到这个列表后，我迅速关闭了谷歌的"广告个性化"功能。现在我的 YouTube 账号上推送的内容让我完全提不起兴趣。在禁用 Instagram 上的类似功能之后，我在网上购买的东西也变少了。

如果数据公司的算法能够为我们呈现更适合的内容，比如最佳的 YouTube 视频，那么我们就越有可能长时间留在该平台并持续回访。难怪近年来一些像 Instagram 和 Twitter 的服务平台会调整内容展示的方式，从按时间顺序排列转变为根据用户兴趣排序，优先展示那些最有可能吸引用户的内容。

当接触到让我们上瘾的内容时，大脑会释放大量多巴胺，从而导致我们远离平静的状态。像谷歌和 Facebook 这样的公司通过付费广告赚钱，它们向企业收费，将烦人的广告展示在我们的眼前。我们上瘾到了一定程度便不再介意这些广告，而谷歌和 Facebook 则会优化其广告策略和算法，以便在不打扰用户体验的前提下展示一定数量的广告。我们在应用程序中花费的时间越多，大脑中释放的多巴胺就越多，离平静的状态也就越远。

谷歌提供的绝大部分服务，如谷歌文档、搜索引擎、视频网站，都是免费的。然而，这家公司的市值却超过了一万亿美元。谷歌这类公司就是通过与广告商合作，从我们身上及我们的数据中获取利润。

在写这些内容时，我可能会给人一种"偏执狂"的印象，就像那些戴着锡纸帽、在后院建金字塔来抵挡外星来客的人。我保证我不是这样的人，尽管我发现锡纸帽确实能抵挡一些 5G 无线信号（开玩笑的）。但这一事实毋庸置疑：许多科技公司都是利用我们的数据来赚钱的。

我坚信个性化算法使得内容平台尤其是社交媒体平台，在我们生活中不再具有积极或中性的影响。我们的数字世界正向我们精准地投放让我们上瘾的内容，这些内容能刺激多巴胺的释放，导致我们难以保持内心的平静。

在一个已经充满焦虑不安的世界中，个性化的在线内容可能会扰乱我们的神经化学平衡。算法并不会区分哪些视频、图片或动态对我们有益或有害。社交网站同样也不会像家长一般关爱和保护我们：在线内容大多数并无恶意，只是为了盈利。

说实话，你能责怪它们吗？企业并非慈善机构。它们关注业务扩张、追求更多利润，这无可厚非。企业发展越壮大，其创始人和员工就越富有。数据公司实现业务增长的最可靠途径就是利用用户的数据，而实现这一目标的方式是为用户提供尽可能多的多巴胺刺激。

从表面上看，我们的数字世界变得更具吸引力似乎是件好事。然而，我们在玻璃触屏上浪费了越来越多的时间，不断在 Instagram、TikTok、Reddit（社交新闻网站）和 Twitter 之间来回切换。如果我们花费更多时间在这些服务上，难道不是为了获得更多的快乐吗？

可惜并非如此。

虽然像谷歌和 Facebook 这样的公司为我们提供的服务在当下看起来似乎是一种有趣的逃避，但从长远来看，与它们的互动会变成一场浮士德式的交易。个性化算法让我们陶醉其中，刺激我们的大脑，进而使我们逐渐陷入过度寻求多巴胺刺激的生活。

这使我们变得更加焦虑，因为它让我们感受平静的化学物质减少了，同时让我们在能提供能量、满足感以及与我们价值观相符的活动上所花费的时间也减少了。

多巴胺偏好让我们更焦虑

我们在从事某项活动时，大脑中释放的多巴胺越多，这项活动就越容易让我们产生依赖感。研究发现，我们体验到的多巴胺快感的程度，主要受到3个因素的影响：

- 新奇性：对我们而言某件事情令人惊讶和意外的程度。
- 遗传因素：我们中的一些人可能由于遗传原因，在大脑某些区域的多巴胺高于或低于正常水平。
- 显著性：刺激源在我们生活中实际产生的直接影响，或者说是该刺激源对我们的重要性。

新奇性

我们的大脑天生渴望新奇的体验，而体验的新奇程度越高，我们的大脑就会释放越多的多巴胺来奖励我们。

如果你想深入了解一下互联网的新奇之处，试试这个实验：登录你经常访问的社交媒体平台，反思一下浏览的帖子给你带来了多大的新鲜感。如果你已经决定远离社交媒体了，那就试试浏览新闻网站。同时，尽量避免过度沉迷其中。

以 Instagram 为例，点击你的个性化"探索"标签，然后思考一下你所看到的图片有多新奇。如果你和我一样，很可能会在不知不觉中被吸引，无意识地滑动屏幕好几分钟。如果你访问 Facebook 或 Twitter，看到一些新闻或搞笑的表情包，或者那些让你社交圈中的人重拾"对人性的信心"的文章，也请思考一下这些更新的新奇程度。

如果你恰好被吸引进去，请你反思一下在使用个性化应用程序时你对自己的注意力有多少实际的控制。真实情况是，在互联网上，我们的意志很快会脱离自己的掌控。[1]

你会发现，互联网上最新颖的信息往往能直接触动我们内心深处的恐惧、欲望和焦虑。这种信息虽然能够刺激我们，但同时也会让我们离平静状态越来越远。平静能给我们带来满足、乐趣和放松。但在实际生活中，我们很少会主动去寻找能带给我们平静的事物。

我们更倾向于寻求能刺激多巴胺释放的事物，即使这些事物不能给我们带来持久的意义或真正深度的享受。当我们要在刷 Facebook 动态这类刺激性活动和喝茶沉思这样更能带来内心平静的活动之间做选择时，我们几乎总会选择前者，选择多巴胺。这样的决定会带来瞬间的满足感，但结束后却常常会让人感到空虚。

我喜欢将其称为大脑的多巴胺偏好：我们总是试图在当下获得尽可能多的多巴胺刺激，即使长期来看这样做会使我们更加焦虑并且与我们的长远目标相悖。而超常刺激是我们接触到的刺激中最能释放多巴胺的。

互联网中充斥着超常刺激。除了成就心态和贪多心态外，超常刺激也是现代世界让我们感到焦虑的一大原因。

---

[1] 过度使用社交媒体会削弱人际交流，通过选择信息源，社交媒体为我们定制了一个"信息茧房"。每个人的 YouTube 首页都不同，并且对我们来说都是独特而新奇的。这些包裹在"过滤气泡"中的内容会使我们的兴趣更加分化，导致我们更难与他人建立联系。

超常刺激可以理解为将我们天性中喜欢的东西经过高度加工和扩展后呈现给我们，它们虽然是真实事物的人造替代品，但给人的感受更强烈。这些事物中最具吸引力的元素被大大扩展，以刺激我们分泌更多的多巴胺，让我们总想再次体验。当这些刺激物通过算法设计带给我们新颖的体验时，这种想再次体验的冲动就更强了。

现代社会给我们带来了许多额外选择，这些选择可以替代原本能让我们的大脑神经递质保持平衡的活动。以下这些例子你肯定不陌生。

- 浏览社交媒体比在早餐时和朋友聊天更有刺激感。
- 通过手机软件点外卖比与配偶一起做晚餐更令人愉悦。
- 看 YouTube 视频比就着一杯茶阅读一本引人入胜的书更刺激。
- 躺在沙发上看新闻比骑自行车或外出散步更令人兴奋。
- 相比和另一半玩棋盘游戏或与孩子在客厅搭堡垒，猛刷 Netflix 的爽剧更加令人兴奋。

需要注意的是，当我们面临选择时，我们往往倾向于选择能够最大化释放多巴胺的选项。相比其他可能占用我们时间和注意力的事物，超常刺激能提供更多的多巴胺，让我们更愉悦，哪怕这种愉悦是短暂的。

遗传因素

虽然遗传学不在本书的讨论范围之内，但我们还是有必要简单提一下。本书涉及了很多关于保持内心平静的观点和习惯，我们无法面面俱到、深入探讨，如果真要这么做，那这本书可能要超过两万页了，显然没人希望这样。再者，当我们描述与大脑相关的内容时，通常需要简化一些信息。比如，我主要讨论的是多巴胺如何过度刺激我们的思维，但是多巴胺也有它的好处，比如它能帮助我们思考、驱使我们做出改变、让我们的生活更有目标。此外，很多能让我们感到平静的习惯，也会让我们的大脑释放多巴胺。多巴胺不是一无是处，特别是当它与带来满足感的化学物质同时存在时，它带来的益处更显著。无论是奋斗还是享受，关键都在于掌握平衡。

遗传学研究揭示了多巴胺的另一特性。许多疾病和障碍都与大脑中多巴胺水平的改变有关，比如帕金森病、注意缺陷多动障碍（ADHD）以及厌食，至少它们在一定程度上都与多巴胺水平较低有关。另外，儿童抽动症、精神病则与大脑某些部位的多巴胺水平较高有关，而某些成瘾行为与多巴胺反复激增有关。精神分裂症和双相情感障碍也常常与多巴胺失衡有关。

虽然遗传因素确实起了作用，但我们需要记住的是，多巴胺的来源更重要。带给人平静的习惯能让大脑平衡地释放包括多巴胺在内的各种化学物质的混合物。而当一种习惯行为主要引起多巴胺的释放时，你可能就会遇到问题。

显著性

除了遗传因素和新奇性外，影响多巴胺的第三个因素是显著性，即一个刺激对你生活产生的直接影响越大，大脑释放的多巴胺就越多。这个因素相当直观。例如：

如果你在同一天里捡到 20 美元并且年薪涨了 5 000 美元，尽管这两个事件的新奇性相当，但涨薪对你生活的影响更大，因此会释放更多的多巴胺。同样，与女友同意和你第 4 次约会相比，她说出"我愿意"3 个字时引发的多巴胺激增幅度更大。

这里新奇性以另外一种方式发挥作用。有时候人们说，获得幸福的关键是保持低期望，这是多巴胺在起作用。如果你期望得到 5 000 美元的年度加薪并实现了，你获得的多巴胺释放会比你在没有期望却加薪时释放的要少很多。

同样，如果你期望年薪涨 5 000 美元，却只收到了 1 000 美元的一次性奖金，你可能会感到失望，尽管你的年薪比以往多了 1 000 美元。

这是因为当事情进展得比预期更好时，我们的大脑会分泌更多的多巴胺，而当期望未能达成时，多巴胺的分泌就会减少。在人类进化过程中，这种机制起到了重要的作用。

一项研究指出：意外获得或失去奖励的情况代表着出现了新的学习机会。当实际情况与我们的预期不一致时，我们会经历神经学家所说的"奖励预测错误"（reward prediction error）。这其实是在告诉我们，我们即将获得一些重要的学习经验。通过分析这些经验，并从多巴胺的增减中获得启示，我们可以在下次遇到类似情况时，更好地设定我们的期望。这样做能帮助我们更好地把握世界的运行规律，从而提高我们的生存机会。

然而我们要警惕的是，超常刺激会利用这种机制来操纵我们的行为。

无法抗拒的多巴胺诱惑

互联网的个性化算法利用了新奇性和显著性这两个多巴胺因素。数据公司收集的关于你的信息越多，向你推送的内容就显得越新奇。此外，社交网络比其他应用和网站更容易让人上瘾，原因在于它们与我们的生活密切相关：我们看到的内容都是关于我们认识的人的信息！很难有比这个更让人觉得熟悉的内容了。

> **HOW TO Calm Your Mind**
> **科学实证**

互联网上的超常刺激之所以如此令人上瘾，很大程度上是因为熟悉度。当呈现的内容与我们熟悉的主题相关时，它就变得更具吸引力，让我们觉得更亲近，我们对反复接触它的抵抗力变小，甚至可能觉得它十分有趣。这一现象在心理学中被称为"单纯曝光效应"（mere exposure effect）。

当我们反复接触某一刺激时，我们就会对这个刺激产生偏好，仅仅因为我们对它感到熟悉，跟刺激是积极、中性还是消极无关。这可能解释了为什么像 YouTube 这样的网站会引导我们深入特定的小众领域，这些领域不仅仅有趣，而且与我们的个人身份紧密相连，成为我们的一部分。例如，当我看到第 67 个关于机械键盘的视频时，这个主题就成了我身份和自我认知的一部分，我会认为自己不再只是对键盘有点兴趣而已，我是机械键盘的狂热爱好者。主题熟悉度是新奇信息消费的催化剂。

同时在数字化的时代背景下，多巴胺推动我们带着贪多心态去追求更多的未来资源。由社交网络提供的一套评价标准在我们的大脑看来简直比金钱还要重要。这些评价标准代表我们在社交网络中的影响力和受欢迎程度。这就解释了为什么由数据公司运营的应用程序基本都有自己的数字"货币"，如粉丝数、点赞数以及朋友或联系人的数量等。在多巴胺的驱动下，我们都想尽可能地增加这些"货币"。

数据公司还会通过另外一种更加巧妙的方式利用我们的多巴胺偏好。当你随意打开某个应用时，你可能只有大约一半的时间在获取内容。有时内容足够吸引你，让你深陷其中，而其余时间，你可能快速进入后又会马上退出。这并非偶然现象。

研究表明，当获得奖励的可能性为 50% 时，大脑释放出的多巴胺是奖励概率为 100% 时的两倍。

难怪我们总是频繁地检查电子邮件，或者反复回到社交软件上。

如《掌控习惯》（*Atomic Habits*）一书的作者詹姆斯·克利尔（James Clear）所言："一般来说，你从一项行动中越快享受到乐趣，你就越应该质疑它是否符合你的长远利益。"我们屈从于克利尔所称的"夸大版的现实"，沦为超常刺激的受害者，这些刺激可比真实世界有吸引力多了。

我们的大脑或许渴望平静，但它无法抵抗多巴胺的诱惑。

在继续讨论之前，有必要再次强调一下超常刺激与平静之间的关系。我们在网上的大部分行为都是由超常刺激驱动的，而我们大脑中的多巴胺网络与平静网络相互排斥，而超常刺激促使我们远离平静，走向焦虑。我们的神经网络从那些让我们保持平静、专注于当下的状态转变为让我们感到兴奋、刺激的状态，其结果是大脑中的化学物质失去了平衡。

在我寻找内心平静的旅程中，一个关键的转折点是我意识到手机上的应用正在利用我的大脑本能。和所有人一样，我的大脑热衷并渴望释放多巴胺。我需要控制自己对多巴胺的渴望，尤其考虑到这种渴望与我对专注、精力和效率的追求相冲突，我控制多巴胺的想法更加坚定了。

毒品令人成瘾是因为毒品能引起大脑中多巴胺的飙升。而从化学层面上看，Facebook、Twitter 和 YouTube 就像是一种轻度的成瘾物质。只是它们不是通过药物促使大脑释放多巴胺，而是通过迎合我们基本情感和冲动的视听影像来刺激大脑释放多巴胺。从理性和逻辑上看，我们不会用这种方式看待这些服务平台，但我们的大脑在更深层次的原始反应中已经把它们等同于成瘾物质。

在第 3 章中，我简单分享了自己与第一部智能手机的故事，以及这个设备给我带来的惊奇。随着我在这个设备上花费的时间越来越多，它变得更像是一种获得多巴胺冲击的方式，而不再是一种实用工具，甚至成了我日常生活中的负能量源泉。每年它都会更新，以提供更有效的多巴胺冲击：屏幕越来越大以显示更多信息，处理器越来越快以减少我等待应用程序加载的时间，摄像头也越来越好，可以更直观地分享自己的生活，从而获得更多的"赞"。

我的手机还可以根据我在每一刻的情绪来满足我，但实际上这并没有什么帮助。如果想要感受与他人的连接，我可以查看 Twitter 或 Instagram 上最近一篇帖子的点赞量；如果我想要自我价值的肯定，我可以通过出版商的作者页面来查看自己的书在那一周卖出了多少册；如果我想要感到被接纳，我可以给几个朋友发信息，看谁先回复。

当然，期望会扭曲现实：我对这些数据感到满意的时间和感到失望的时间各占一半。但是我还是继续返回社交软件寻找反馈。尽管在现实中，这些反馈实际上成了一种隐性的慢性压力，我却将它们看作一种逃避。

制作活动刺激程度图

当我发现生活中已经悄然潜入了这么多的超常刺激后，我吓了一跳，开始制订计划消除焦虑的最大源头。

在剖析自己焦虑的原因时，我发现自己的情况有些混乱。如果你制作了一份可预防的慢性压力清单并尝试去控制这些压力，你可能会发现你出现了和我一样的情况：尽管我竭尽全力去控制慢性压力源，但是那些超常刺激却总是不断地冒出来。

我们需要时间来重新平衡我们大脑的化学物质以恢复平静，但超常刺激却让这个过程难上加难。

回首过去，我发现我对数字世界的超常刺激的依赖越深，我在现实生活中寻求超常刺激的时间也越多。多巴胺的释放会使我们渴望更多的多巴胺，以保持那种兴奋的状态。因此，我在数字世界中寻求的多巴胺越多，我在现实生活中就越渴求它。这导致我更频繁地饮酒、吃外卖食品和购物。

不知不觉中，我的生活已经开始围绕着多巴胺转动。虽然我到了酒店房间后仍然会泡个澡放松一下，但我通常会一边听播客一边泡澡，在这之前可能已经享用了一份美味的酥皮鸡外卖。出差途中我会断网，可一旦发现飞机上提供上网服务时，我通常会屈服于诱惑，连接网络以获取更多的多巴胺刺激。

诚然，我可能对自己有些苛刻，但这样做是为了强调下面的观点。抛开被我忽视的那段严重的倦怠时期，我在工作上的总体表现不错，但是我的个人生活却被各种各样的超常刺激所充斥，比如我会强迫性地查看应用程序，每周点大量的外卖，无所不包。

那么，如何减少我们对多巴胺的依赖呢？

审视我们由多巴胺驱动的习惯至关重要。不同的活动会有不同的"刺激程度"，这取决于我们进行这些活动时释放了多少多巴胺。我们可以将自己参与的活动进行可视化排序（见图 4-1），把释放多巴胺最少的活动放在底部，最多的放在顶部。

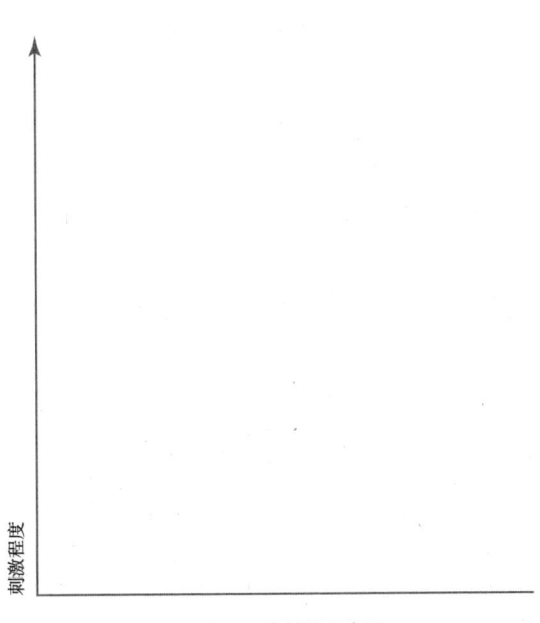

图 4-1　活动刺激程度图

回顾你一天中参与的各种活动，把这些活动填写到下面的图里，你会发现最新奇、最个性化的超常刺激位于图的顶部，而最无聊的活动则位于底部。我也根据自己在一周中经常接触到的超常刺激的情况填了一张图，供你参考（见图 4-2）。

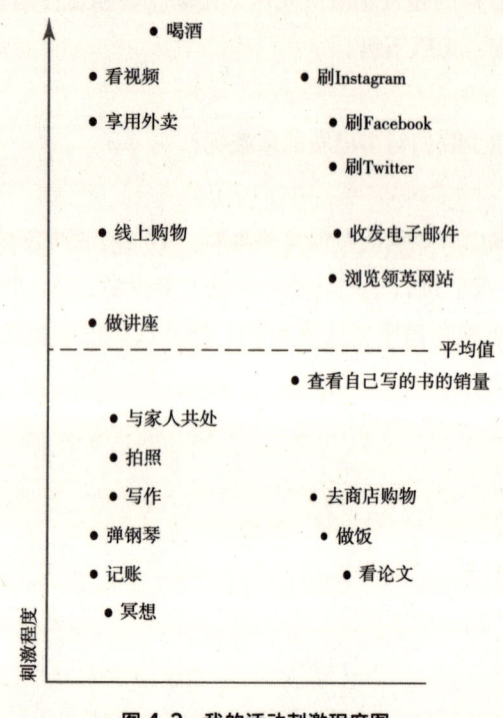

图 4-2　我的活动刺激程度图

当然，即使我们做的活动完全一样，我们的活动刺激程度图看起来也会有所不同。这是因为我们每个人大脑的神经连接都各不相同，所以我们感受到的日常任务的显著程度和新奇程度也不一样。

你的日常活动释放的多巴胺总量决定了你的整体刺激程度。换句话说，你感受到的刺激水平主要取决于你的大脑习惯于处理多少多巴胺。

如果你的大部分工作时间都花在查看电子邮件、社交软件和新闻上，回家后又一边看电视一边喝啤酒，那么你记录下的活动都会集中在图的顶部，这意味着你的焦虑感非常强。如果让你分心的事情本身就是你慢性压力的来源，那么你发生倦怠的可能性也会更大。

相反，当你刻意地从那些能产生大量多巴胺的活动中抽离，寻找值得你去品味的事物，并关注你的投入程度时，你的生活状态会更接近这张图的底部。你会变得更加专注、平静并活在当下。

显然，活动刺激程度图所示的范围远远超过我所标定的任意端点。在这个图的上边界之外，某些活动释放出的多巴胺高得惊人，但我们大多数人并不会参与，比如吸毒。这符合刺激程度的类比：多巴胺的释放量越大，你在刺激结束后感到空虚和沮丧的程度也就越大。而在图的底部，有一些活动几乎不会释放多巴胺，几乎不值一提，比如闭着眼睛躺几个小时。

在这些端点之间的，就是你日常参与的大部分活动。

我发现活动刺激程度图很好地把我的习惯、任务和活动可视化，能够大致反映我大脑接受刺激的程度。我建议你也用同样的方式记录你的习惯，将你认为最新奇的事物写在图的顶部，最平淡无奇的事物写在底部。你不必考虑这幅图是否完美好看，只需要列出你的日常活动和分心行为，同时注意每一项活动的新奇性和显著性，并大致了解它们各自释放多少多巴胺就可以了。

审视一下自己的日常生活，看看你在一天中会对哪些超常刺激产生依赖，并观察你的大脑是否有一种希望全天保持在高度刺激的状态下的冲动。

你是否陷入了超常刺激依赖？

□ 当你忙着填写无聊的表格时，会打开电子邮件的客户端，随时查看新邮件。

□ 如果开会前有几分钟的空闲时光，会拿出手机随便点点。

□ 如果你刚下飞机，手机处于飞行模式好几个小时了，会急切地想要重新联网，快速获取一些新奇好玩的信息。

对你的日常活动释放多巴胺的强度进行排序，并且这样实践过几次之后，你可能会发现下面这些现象。

不同程度的刺激在我们的工作和生活中扮演不同的角色。你在刺激程度图顶部所做的部分活动纯属浪费时间。这些通常是我们出于对刺激的渴望会做的分心和浪费时间的行为，也往往是慢性压力的根源。图下部有一些让我们的时间变得高效和有意义的活动，由此产生的神经递质也更加平衡。因此，位于图较低位置的活动不仅能给我们的生活带来效率和意义，还能让我们感到快乐和平静，同时少一些消极被动，多一些积极主动。

多巴胺升得越高就越不愿意下来。多巴胺极易让人上瘾，经过长期的进化，我们的大脑已经习惯于渴求多巴胺刺激，并将能触发多巴胺释放的所有行为都看作我们实现目标的重要步骤。大脑总是热衷于追求更高的刺激，只要有比我们正在做的事情更新奇的事物出现，比如在我们填写电子表格时收到新邮件提醒，我们往往会毫不犹豫地转移注意力。然而，想要回到较低刺激程度的状态却无比困难，因为这样做就意味着放弃那些诱人的多巴胺。从这个角度看，你会发现活动刺激程度图中有一种无形的向上推力，驱使我们不断追求那些刺激程度更高的活动。在现代社会中，我们必须主动出击，抵抗这种力量。

随着时间的推移，你接受的刺激程度可能在不断上升。因为互联网已经深入到你日常生活的各个角落，所以你每天面对的平均刺激程度可能也在随着时间而增加。

你在活动刺激程度图中列出来的活动并非静止不变。其中一些活动会随着时间推移向上移动，因为我们所处的环境总体上新奇程度在增加。图中某些活动的位置可能在近几年有大幅上升，比如受个性化算法驱动的社交媒体网站。同时，数字化超常刺激与现实活动的刺激之间的距离也在不断拉大。

现实活动在活动刺激程度图中通常处于较低位置，而数字活动则处于高位。这一点并不绝对，比如在手机应用上记账可能比看百老汇音乐剧的刺激程度低。但总体来说，现实活动集中在图的底部，而数字活动则更接近顶部。参与现实活动通常能带来平静的投入感，而数字生活通常以最大程度地释放多巴胺为目标，稍加不慎，我们的现实生活可能随之受到影响。

刺激你的事物不一定能给你带来快乐。审视一下图中不同活动所处的位置你可能会发现，顶部和底部的活动会带来截然不同的感受。如果要我描述顶部活动给我的总体感觉，我可能会用"压力重重"、"空虚"和"逃避"这样的词，而我会用"享受"、"满足"和"平静"这样的词来描述底部的活动。这种差异是由不同活动释放不同的神经递质引起的。

对于如何戒断超常刺激，我想留给你在阅读下一章时思考，等你读完了第 5 章心里就会有答案。对我而言，要克服那些在我生活的缝隙中像杂草般疯狂生长的超常刺激，需要大量的尝试和研究。

如果你决定制作自己的活动刺激程度图，别对自己太苛责。渴望多巴胺释放是人性的一部分，活动刺激程度图能帮你更直观地了解自己的活动，这是改善行为的第一步。

在这一章甚至在整本书中，我把大部分篇幅都用于讨论那些把我们推向刺激和焦虑新高度的因素，包括慢性压力、成就心态、贪多心态以及超常刺激。在所有这些内容中，我希望你能明白一个比其他任何事情都更重要的神经学真理：**我们在围绕着错误的神经递质优化生活，而这些神经递质并不能让我们保持平静。**

随着数字世界在我们的日常生活中变得日益新奇和显著，我们投入其中的时间不断增加，甚至在放松时也要投入其中。这使得我们休闲时的放松效果不如以前（假设你并非伴随社交媒体长大）。超级刺激使我们变得更加焦虑，不再平静，更加压力重重，不再活在当下，我们在过度追求多巴胺的过程中丧失了内心的平衡。这些超级刺激也导致我们在休闲时间变得消极和被动。

我们常常会在放松时感到内疚，但其实这种内疚感通常反映的只是我们在适应低程度刺激时所体验到的不适。当我们的内心趋向平静时，我们会有各种不同的心理反应，如无聊、烦躁、没有耐心和内疚，具体取决于当时思绪的状态。这些都是寻找平静过程的一部分。

超常刺激引发的种种焦虑迫使我退后一步审视自己，并有意识地利用闲暇时间来努力寻找让我的心灵平静下来的方法。

利用闲暇时间来降低刺激程度可以让我们重获平静。我甚至想说，**我们休闲的目的就是降低刺激程度**。这样我们才能真正使心灵得到平静，而不是沉溺于那些只会增加焦虑的习惯。就像矿井中的金丝雀，这些低水平的刺激程度有更充足的"氧气"供我们呼吸。

看一下你自己的活动刺激程度图底部的活动，你会在其中找到满足和平静。

平静就在露营时那篝火舞动的光影里，在日常生活的平淡点滴间，在晨曦的上班路上树叶转换的色彩中，在日出时分旭日初探的地平线上。生活中的刺激越是寡淡，我们越是能尽享人生甘甜。

在这些刺激程度更低的事情上多花时间，或许将是你寻求平静道路上最富挑战也会带来最多回报的事。当我们在忙碌的一天过后寻求放松时，常常被各种超常刺激吸引，让大脑继续保持高度刺激的状态，比如沉迷于玩游戏、浏览社交媒体、喝酒、网购和毫无无目的网上漫游。

想要真正放松，我们必须降低刺激程度。

虽然我自己在追寻平静的道路上付出了极大的努力，但我最终找到了降低刺激程度和避免超常刺激的方法。具体的方法和经验我们会在接下来的几章中详细讨论。在这个过程中我还尝试了所谓的"刺激戒断"，我会在下一章和你分享其中的故事。

虽然"刺激戒断"这个说法听起来像是一种噱头，但在寻找平静的过程中，这个做法的效果却出奇地好。

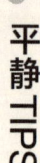

平静 TIPS

- 关闭社交应用中的"广告个性化"功能。
- 画出自己的活动刺激程度图。
- 在刺激程度低的活动上多花时间，能有效放松身心。

　　　　　　　　　　　　　　在忙乱的世界找回平静

HOW TO
Calm Your
Mind

FINDING PRESENCE AND PRODUCTIVITY
IN ANXIOUS TIMES

第 二 部 分

在焦虑的世界找回平静

我们其实有足够的时间

去做那些能使我们感到平静的活动。

真正的问题在于，

我们缺乏耐心去适应

低刺激程度的环境。

HOW TO
Calm Your
Mind

FINDING PRESENCE AND PRODUCTIVITY
IN ANXIOUS TIMES

第 5 章

刺激戒断

在踏上寻找内心平静之旅一年之际，我已经取得了不小的进展，只是在摆脱超常刺激方面仍有一些困难。我找到了许多导致我焦虑的根源：成就心态、贪多心态以及超常刺激。这些因素让我背负了不必要的慢性压力，并让我的生活围绕着多巴胺的释放运转。然而，通过利用我在书里分享过的很多方法，我逐渐减少了焦虑，具体来说是在克服倦怠以提升投入度以及处理压力清单上的慢性压力源方面取得了一些突破。随着我不断深入研究平静的相关资料，我很快又生成了两个新的重要观点。

第一个重要观点是，掌控可预防的慢性压力源可以在寻找平静的道路上帮你取得重大进展，但处理无法预防的慢性压力源同样重要。我们无法避免的慢性压力源往往和我们可以控制的一样多。此外，我们的大脑其实并不知道（或者说不关心）哪些压力源是可以预防的，哪些是无法预防的，两者都会让我们感到压力过大。

我们需要培养习惯来减少无法预防的压力对我们的影响。这其实不难，只要我们将适当的压力缓解方法融入生活，许多无法防止的慢性压力就能得到改善。压力依然存在，我们只是恢复了应对它的能力。

同样重要的第二个观点是，我们需要格外努力去应对那些最难消除的压力源，即那些令人无法抵挡的超常刺激。最糟糕的超常刺激源会利用我们大脑的运作机制对我们产生影响。就像你每天都要努力抵制美味饼干的诱惑一样，仅凭意志力去对抗超常刺激非常困难。我们需要做出一些根本性的改变。

在第 6 章，我会讨论无法预防的压力。但在这一章，我要集中讨论如何应对可避免的压力源，以及如何掌控那些即使我们尽力抵抗还会反复出现的超常刺激。

压力的流动

研究揭示，压力是一种随着时间可以在我们内心不断积累的东西，需要定期缓解和疏导。想象有一个承受着压力的坚固钢桶，上面连接了一根管子，设计这根管子的目的就是将滚烫的蒸汽输送到钢桶内。打开开关时，桶里就会充满蒸汽，钢桶内部的压力随之增大。你可能已经猜到了，坚固的钢桶代表你的心灵和身体，而蒸汽则代表压力。

这个比喻很清楚地展示了压力的影响，同时也揭示了慢性压力和急性压力的不同。急性压力虽然短暂，但同样会向"钢桶"注入"蒸汽"，我们会感受到压力的短暂增加。在只有急性压力的生活中，我们会自然地采用各种缓解压力的方法，比如听播客、读书、做运动或度假等。

但现实并非如此,我们一直在向"钢桶"里源源不断地注入"蒸汽"。经历的慢性压力越多,注入的"蒸汽"就越多,桶内的压力就越大。当压力不大且来自对生活目标的追求时,比如工作、成家或赚一定的钱,同时也与自己的价值观相一致时,我们尚且能应对自如。通过定期调节,我们能在压力面前保持清醒。然而,一旦我们增加了太多不必要的压力源,如强迫性地查看在线新闻、社交媒体和应用程序,压力积累的速度就开始超过释放的速度了。随着时间的推移,我们会越来越接近自己的倦怠阈值。

如果你已经感觉到了我在书中提到的压力的负面影响,如倦怠和焦虑,那你可能像之前的我一样,压力已经积累到无处释放了。

如果不采取措施,高压就会让"钢桶"颤抖,此时你体会到的正是焦虑的感觉。当压力继续积累,"钢桶"彻底破裂时,你会进入倦怠状态。到了这个地步,你可能别无选择,只能收拾残局、重新开始。

幸运的是,有一些可以帮我们维持"钢桶"平衡的解压策略,这些策略就像排放蒸汽的释放阀一样,能帮助我们释放压力,降低皮质醇水平,从而防止压力积累到产生负面影响的程度。

我们可以把压力管理视为一个"方程式":当流入生活的压力大致等于流出的压力(即我们释放的压力)时,我们会感到快乐、充满活力,并全情投入。

压力过少也会引发问题。回想一下处于效率图谱中"毫无目标"一端的人:当你释放的压力多于接收的压力时,你可能需要寻找有价值的压力源,包括接受新挑战,以免你陷入动力不足的境地。希望你能记住,长远来看,良性压力与恶性压力相反,它能使我们的生活惊喜不断且意义深远。

如果你和之前的我一样，承受的压力多于释放的压力，那么你必须找到释放多余压力的方法。

为了阐述如何释放压力，我想分享一个自己做的刺激戒断实验。如果你也仍然面临一些源于多巴胺的压力，让你无法抵抗，那么这个策略可能会给你带来意想不到的帮助。在这个过程中，你将会重新获得一些能激活平静网络的神经递质。

刺激戒断实验

自从经历在演讲时恐慌发作后我已经尝试了很多平静策略，但是忧虑感依然挥之不去，原因其实很明显：我还是无法控制浏览那些给我带来慢性压力的超常刺激源。像 Twitter、Instagram 和新闻网站这样的超常刺激源总是让我感到疲倦不堪、愤世嫉俗并且效率低下。当我身处其中时，它们就像糖果一样甜蜜，留下的余味却让人苦不堪言。

以往，如果我在工作时不借助防止分心的应用程序，我就会不停地浏览社交网站。下班后，我也控制不住自己。有些晚上，我会一连好几个小时沉浸在这些慢性压力刺激源上。

虽然多巴胺能导致我们对超常刺激上瘾，但它并非一无是处。多巴胺可以让人产生动力，能让我们思考问题更有逻辑性，目光更长远，甚至对我们身体的很多日常机能不可或缺，比如血管、肾脏、胰腺、消化系统和免疫系统的正常运作就需要多巴胺的协助。虽然过度沉迷多巴胺会让我们感到焦虑和低效，但没有多巴胺我们就无法生存。

许多人发现自己很难摆脱多巴胺的影响，因此他们开始尝试"多巴胺戒断"，即在一个特定的时间段内，避免进行任何会让多巴胺分泌增加的行为，以达到平衡心态的目的。但是，"多巴胺戒断"这个说法有一定误导性，因为就像我们无法做到完全戒断碳水化合物一样，我们也无法做到彻底排除多巴胺。

但是有些具有刺激性的行为习惯是可以避免的，这些行为习惯带给我们便捷而无意义的多巴胺刺激，其主要目的就是追求多巴胺飙升的快感。所谓的"多巴胺戒断"，我更觉得它是一种"刺激戒断"。通过这种戒断行为，我们可以戒除那些由多巴胺引起的冲动行为，同时清除我们大脑中那些对我们无益的神经回路。后文再谈到这个实验我都会称之为"刺激戒断"。

在我踏上追寻平静的心灵之旅一段时间后，我决定用一个月的时间尽可能远离人为刺激，既是为了平静我的内心，也是为了减少我生活中持续增加的慢性压力。我的目标是以一种能持续下去的方式来降低我受到的刺激程度。

我首先列出了自己生活中仍然存在的超常刺激，也思考了那些我仍在接触的顽固慢性压力源。然后，我制订了一个计划来消除或减少让我分心的事物，那都是些给我带来忙碌感的事物。

有的刺激源与工作有关，有的则与个人生活有关；有的来自数字世界，有的则来自现实世界。但这并不重要，我为了尽可能多地寻找多巴胺刺激源，制定了一些需要遵循的基本原则，并尽力提前预见可能遇到的障碍。

在现实生活中，我彻底戒了酒（酒精能刺激多巴胺大量分泌）、不点外卖（用吃精加工食品来逃避现实曾经是我最爱的方式），以及控制饮食，特别是在面对压力时避免暴饮暴食。

剩下的刺激源你可能已经猜到了，大部分都来自数字世界。首先，我在这一个月内戒掉了所有数字新闻，包括《纽约时报》（*The New York Times*）的官网、美国有线电视新闻网、The Verge 科技新闻网和加拿大《环球邮报》（*The Globe and Mail*）的官网等网站。我在电脑和手机上使用了一款名为"Freedom"的防分心软件，有了这款软件，即使我想上这些网站也无法登陆。此外，我还把影响我工作和生活的手机应用都卸载了。这一个月里，我断绝了所有社交媒体，包括 Twitter、Instagram、YouTube 和 Reddit 等。但我给自己设了一个例外，允许自己观看瑜伽等健身视频以及我最喜欢的两个科技博主的视频，因为我真的很享受这些视频，不是出于冲动观看的。

我还控制自己使用即时通信应用的频率，允许自己每天只查看 3 次短信和其他即时消息。因此我关闭了可预览的消息提醒功能，只保留了收到新信息的提示（应用图标上的数字），这样到了查看消息的时间，我就能一目了然地知道有没有新消息要处理。我也可以根据新消息积累的数量确定在哪 3 个时间点查看消息。

我还限制了自己每天只能查看 3 次电子邮件，这是最难的挑战。为了达到目标，我开启了邮件自动回复功能，告诉发件人我无法立即回复。在这次实验中，邮件自动回复功能连同防止分心的软件都发挥了不小的作用。

我还尽力降低那些给予我认可或自我满足感的数字刺激。一整个月，我没有关注那些刺激我虚荣心膨胀的指标，比如每周卖出了多少书籍，有多少人访问了我的网站、下载了我的播客或订阅了我的电子报。

随着实验的进行，我发现制定一些其他的规则也很有帮助，比如：

- 如果我想看电视、电影或是网站上的内容，我必须提前 24 小时做好安排，避免冲动性决定。

- 如果我想给某人发送信息，无论是通过电子邮件还是短信，我都会把消息添加到电脑上的一个文档中，这个文档里全都是未发送短信、邮件和即时消息的草稿。这样一来，我就可以主动选择何时与人互动交流，避免了在一天中被人随机打扰。

- 如果要网购，我必须在网购前想清楚自己要买什么，这样就能避免在网上漫无目的地随意浏览。

在减少甚至戒除生活中的刺激时，我同时开始积极寻找其他替代活动，让我的大脑内神经递质的释放更加平衡，同时还填补了原来的压力习惯在日常生活中留下的空白。简而言之，我们可以把刺激戒断视为平衡和重塑大脑的一种捷径。

让神经递质保持平衡

在我们讨论这些实验结果之前，我想先带你认识一些陪伴我走向平静的神经递质，即催产素、血清素和内啡肽。当你阅读这段文字时，每一种化学物质都在你的大脑和身体中流动，帮助你理解所读的内容以及好好生活。和多巴胺一样，这些化学物质在大脑和身体中的释放量取决于遗传因素和你一天中参与的活动种类。在改变我的多巴胺习惯时，我想确保自己花费时间参与的活动能够保持各类神经递质的平衡。

如果你读过很多大众心理学的书，你可能已经听过这些神经递质的名字。这些名词和它们的作用机制虽然有趣，但更重要的是它们会给我们带来什么样的感受。简而言之，它们让我们专注，感受到快乐，以及与他人联结。

我们逐个来看看这些神经递质：

- 血清素让我们感到快乐以及自我价值得到肯定，比如当我们达到了新的目标体重，或者完成了一直努力追求的事情时。
- 内啡肽让我们感到欣喜，比如在我们全身心投入锻炼时。
- 催产素让我们感到与他人的联结，比如在我们做按摩或与伴侣分享亲密时刻时。

这些化学物质与其他如多巴胺和皮质醇（我们身体的主要压力激素）一起，共同决定了我们在每一个时刻的感受。

那些不会大量释放多巴胺的活动通常会以不同的程度刺激这些化学物质的释放。例如，做按摩可以促进催产素的分泌，其他涉及身体触碰的友好活动也一样。同时，也会有其他化学物质作为附加奖励一同释放。具体来说，在享受按摩的过程中，血清素和多巴胺的水平也会提高，皮质醇水平则会降低。在这种情况下，你会感觉到与他人的联结、快乐，以及压力的减轻。类似地，从事志愿者活动也能提升血清素水平，并因为与他人的互动同时释放催产素。当然，与我们所爱的人共度时光也是提高催产素分泌水平的极佳方式。

催产素能在任何让我们感觉与他人身体和情感相联系的活动中产生，而血清素主要存在于让我们感到自豪的活动中。当我们感到自己优于他人时，也会释放血清素。表面上看，这似乎不是一件好事，现实情况很可能也确实如此。我们的大脑中有一个部分会不断将自己与他人相比，看看我们处于何种地位，所以我们才会忙不迭地询问他人是做什么工作的。但是，抛开求胜心态不谈，血清素的确能让我们感到快乐和舒适。我们可以通过建立一个成就列表来刺激血清素的释放，提醒自己每天的努力带来了什么成果。我在整个刺激戒断过程中就是这么做的。每当我们感觉自己是"小池塘里的大鱼"，会让我们想起自己值得骄傲的所有资本，也会释放血清素。因此，正如我之前所提到的，从事志愿者活动是释放血清素的一个可靠方法。因为我们看到自己正在产生影响，所以我们会感到自己很重要。血清素还保护我们免受皮质醇的损害。有趣的是，人体内的大部分血清素其实存在于肠道中，我们会在下一章谈到食物和平静的关系。

内啡肽会在你经历身体疼痛、大笑或哭泣时释放，好的伸展运动也可以释放内啡肽。虽然在刺激戒断期间我并没有腾出时间去重温电影《恋恋笔记本》（*The Notebook*）或者小说《时间旅行者的妻子》（*The Time Traveler's Wife*），但我确实花了大量的时间运动，并用更多的时间与可以和我开怀大笑的朋友们在一起。如果你正在进行刺激戒断，请你务必做足量的运动，因为运动不仅能释放内啡肽，还能释放多巴胺。如果你在戒断初期多巴胺水平下降，运动可以帮助你提振情绪。运动还可以引起内源性大麻素的释放，让我们感到平静和舒适，比如跑步后感到的放松和愉悦。另一种获得关于平静的化学物质的方式是与伴侣的亲密互动。研究表明，几乎没有什么比与伴侣的亲密互动更能让我们体会到活在当下的感觉了。

多巴胺与平静也有关，但我们获取多巴胺的来源非常重要。在实验期间，我仍然发现自己会参与那些会释放多巴胺的活动，但我要确保自己的多巴胺有更健康的来源。我花了相当多的时间规划和进行创意工作，这两者都需要多巴胺的支持。任何有困难并需要努力去完成的活动都会释放多巴胺，只不过释放量要比其他轻松的活动更少。大多数人的生活中有许多困难活动，用不着刻意去寻找。用源自投入活动获得的多巴胺去替代从刺激性活动中得到的多巴胺，是你能为心理健康做的最佳交易之一。

要记住的一点是，任何让你享受当下的活动都将让你体验到极大的平静。你也会因此变得更加投入、高效且满足。

如果你专门腾出时间尝试这些活动后仍然感觉不对劲，那么你可能需要药物帮助来找到平静。这是完全可行的。虽然本书无法提供医学建议，但如果你尝试了书中的这些方法后仍然需要帮助，请务必寻求精神科医生的专业帮助。

刺激戒断实验的发现

在开始实验后我很快就发现，我花了大量的时间处理一些琐碎的事情，比如强迫性地反复查看手机、无聊地滑动或者机械地点击屏幕。当我停止这些行为后，我发现我有了更多时间去做一些有助于我找到生活平衡的事情。我花更多时间去接触大自然，更频繁地锻炼身体，制作有趣且精致的食物。我也开始更多地练习冥想，因为根据利伯曼的观点，冥想是激活大脑平静网络的最佳方式之一。我开始读更多书、听更多有声书和播客，甚至学习了一些在线课程。为了和他人建立联系，我花了更多时间去做志愿者以及和朋友们在一起，当然我也花更多时间去"烦"我的老婆。我也为创造力腾出了空间，比如参加即兴表演课程、开始画画甚至学起了钢琴。在工作中，我有了更多的时间去写作、研究以及通过访问他人以了解更多关于平静的知识。我开始减少对即时刺激的关注，而把注意力更多地放在那些有成效且重要的事情上。

即使是我这样专门研究时间管理的人，也会惊讶于自己实际拥有的空闲时间之多。我们常常告诉自己没有多少空闲时间，但实际上，我们的空闲时间之多远远超乎想象。一天中让我们分心的时间片段就散落在那些无意义的经历之间，这些片段累积起来着实不少。

我们其实有足够的时间去做那些能使我们感到平静的活动。真正的问题在于，我们缺乏耐心去适应低刺激程度的环境。

刺激戒断其实就是一个让自己变得有耐心，让生活步调放慢的方法。这个实验的效果只需几天就可以显现出来。与预料中不同的是，这个实验可能会变得很有趣，特别是当你提前决定用哪些活动去替代高刺激程度的习惯时。做这个实验当然会有难度，但当你投入那些能带来深刻平静的活动中时，你会发现随着内心的平静，你几乎没有意识到困难的存在。我个人认为，一个月是进行这种阶段性实验的合适时长。这看起来可能有些久，但我们的目标是实现长久的改变。你可以根据自己的需求来调整时长：如果你的日常生活中受到多巴胺的影响较小，那你实际需要的时间就会短一些。

除了空闲时间增多外，我发现自己开始将更多的注意力放在更有成效的事情上，我的工作效率提高了，个人时间也变得更有意义，而这样的改变几乎是即时产生的。在开始刺激戒断的第一天，我在工作间歇并没有刷新闻，反而整理了桌上堆积已久的收据。下班后，由于不能在 iPad 上看新闻，我开始寻找其他更好的方式来充实自己，比如给朋友打个电话，或者做一些我喜欢的事情。我大脑中依旧在不断考量每一项活动的时间机会成本，虽然可选的活动变少了，但剩下的选项都是有益身心且富有意义的。这无疑是又一个唾手可得的胜利。

在短短几天内，我的精力也变得更好了，主要有两个原因：首先，我养成了能让心态更加平衡的习惯。我变得更快乐、更投入，每天有更多的精力来应对来自工作和生活的挑战。其次，我不再通过反复查看同一组网站来给自己的大脑施压，这样做的效果也几乎是立竿见影的。第二天醒来后，我并没有像以前那样漫无目的地在手机上阅读邮件，而是从床头柜上拿起一本书阅读了十来分钟。开始回复邮件时，我没有像以往那样在回复前反复阅读同一封邮件。我每天只允许自己查看 3 次邮件，我要做的只是平静地回复收到的信息。

实验进行到一周时，我决定恢复每周查看一次业务表现的习惯，包括书籍销量和演讲邀约数量等数据。我想这样做既可以让我继续如实测试降低刺激水平的影响，又不至于自欺欺人以致忽视有重要价值的信息。果然，这种做法奏效了，而且效果超乎我的预期：我能从日常的零散数据中抽离出来，从更加广阔的视角看到自己事业发展的整体趋势。

无论你的生活中存在哪些指标，你查看这些指标的频率越低，你就越能置身事外，从更宏观的角度去看问题。从习惯中抽离，能让我们对其有更深入的理解。如果你选择每月检查一次投资账户余额，而非每小时查看一次，你就能看到资金在更大时间范围内的走势，而不会对每天的波动过度反应，因为这些波动最终会被时间抹平。如果你管理着一个销售团队，选择每周接收一次的销售数据更新，而不是强迫自己不断刷新团队的实时销售数据，这将帮助你区分短期波动和长期趋势。如果你负责运营公司的社交媒体账号，不必在意每一个新增的关注者，你完全可以放眼全局去发现整体趋势，或许你会发现，随着时间推移，贵公司社交媒体账号的关注者数量实际呈下降趋势！

当你的视角够大，你就会更清楚地看到什么才是真正重要的。

有趣的是，我发现另一个影响我看问题视角的因素与我在网上接触到的信息相关。互联网常常催生极端观点，因为在社交媒体上，较极端的观点往往会得到算法的青睐。毕竟，这些较新颖、较激进的声音能引发较多的互动，让人们在社交媒体上投入更多时间。我发现，减少浏览新闻和社交媒体的频率让我不再频繁地接触那些带有威胁性的信息，我面临的慢性压力因此减轻了。另一方面，数字世界扩大了我们所谓的"关注的表面积"（surface area of concern），即我们经常关注的事件的范围增大了，这也是我们感受到慢性压力的另一个原因。

在广播、电视和互联网出现之前，我们需要订阅报纸才能了解自己生活范围之外发生的事情。那时，非直接相关事件带给我们的慢性压力要少得多。这并不是说那时我们没有压力，而是这些事件给我们造成的忧虑要少很多。

扩大关注范围本身并不是坏事，了解不良事件可以促使我们行动起来改善状况。然而，考虑到我们获取新闻信息的方式，这件事就值得我们担忧了。新闻里往往充斥着大量负面消息，原因在于人对负面新闻的关注度更高。

一项研究发现，负面新闻使人在情绪上更加激动，甚至在生理上也能产生激烈反应，而正面新闻并不会对人产生显著影响。我们在看到负面新闻时去点击、浏览和订阅的可能性更大。另一项研究分析了加拿大《麦克林杂志》（*Maclean's*）的周销量，发现用负面新闻做封面的杂志销量比用正面新闻作封面的高约25%。

购买者更愿意选择了解负面新闻而不是正面新闻。在信息消费领域，人们对负面信息的偏好占据了上风，这也导致慢性压力增加。那些让我们感觉糟糕的内容往往令我们上瘾。这种倾向值得我们警惕，尤其在大环境充满压力的时期，经历倦怠的人群比例会更大。鉴于愤世嫉俗是倦怠的重要特征，在这种状态下消费信息可能会扭曲我们对世界、事件的看法。请你记住，人脑偏好了解负面信息，而事实情况是我们经历的正面事件数量是负面事件数量的 3 倍。

那些与你的生活无关，不影响你关心的人或社区的事件，尤其是那些你无法掌控的时间，通常不值得关注。有意减少对数字信息的获取有助于缩小你的关注范围，从而减轻慢性压力的影响。通过所有这些方式，从纷繁复杂的信息海洋中抽离出来能让你更深度地关注影响自身生活的问题，同时也能帮助你保持内心的平静。

刺激戒断实验给我带来的另一个益处是，我能够迅速降低自身对刺激的需求，而且这个过程并没有我想象中的那么困难。我在开始这个实验时就已经考虑了一些可替代的活动，以此来调整我对心理刺激的需求。

HOW TO
Calm Your
Mind
科学实证

研究表明，我们对于超常刺激的新鲜感会随着不断接触刺激而降低，对刺激的麻木使得我们更频繁地寻求刺激并寻找更新奇的刺激。幸运的是，抛开那些最具刺激性的分心因素一段时间后，就算是微小的快乐也能让人感到满足。

假如你正尝试戒糖，一开始可能会非常挣扎，但几周后，你的味蕾就会复原，你会觉得品尝一颗熟透的桃子简直和品尝一碗彩虹糖一样美味。刺激也是如此。如果你发现自己难以欣赏生活中的小美好，那你可能需要减少每天接受的刺激。

频繁接触超常刺激会让人感到麻木的主要原因在于，我们大脑的奖励机制是为稀缺环境，而不是丰富多样的世界而设立的。在人类的进化历程中，我们显然没有像今天这样拥有无穷无尽的刺激源。丰富的刺激源本身并不是坏事，然而大脑对这些新奇刺激的反应却是消极的。随着时间的推移，我们频繁接受的刺激越多，大脑分泌的多巴胺就越少。因此，起初我们觉得有趣的刺激最终会使我们感到麻木。就像那些对色情内容成瘾的人需要不断寻找更新奇的内容才能获得同样的快感一样，社交媒体、新闻甚至高度加工的垃圾食品的受众也是如此。

当某种事物稀缺时，我们的大脑会将其视为有价值。当这种事物变得丰富充足时，我们的大脑会将其视作理所当然，并且重新回到原本的愉悦程度，这种现象就是"享乐适应"（hedonic adaptation）。

这个道理同样适用于我们品味事物的过程。一样东西越是稀少，我们越是能品味它，稀缺性提升了我们的体验感受。想象一下，你正在享受一块香甜的肉桂面包，每一口的滋味都会有所不同。刚开始的第一口，新鲜的味道让你感到无比享受，然后中间的几口可能稍显平淡，但当你即将品尝最后一口的时候，会再次感到无比享受，因为你的大脑意识到马上就要吃完了，所以你会更加珍视这个过程。这个理论在实验中得到了证实。

HOW TO
Calm Your
Mind
科学实证

在一项实验中，实验组预期收到的巧克力少，对照组预期收到的巧克力多，实际上两组参与者收到的巧克力数量相同，结果是实验组吃得更慢，更专注于这个体验，更有满足感。

在另一项实验中，一周没吃巧克力的参与者会更珍视得到的新巧克力。

在忙乱的世界找回平静

这就是稀缺效应的生动演绎。这或许可以解释为什么传奇投资人沃伦·巴菲特有那么多财富（作者写作这本书时，巴菲特的总资产已超 1 000 亿美元）却会收集购物优惠券，并且依然居住在他 1958 年以 31 500 美元购买的房子里（在今天价值约为 250 000 美元）。他可能早已洞悉了这一切。他曾经说："如果我觉得换个地方会更开心，我就会搬家。"

曾经让你备觉享受的事物会变得平平无奇，而且享受得更多也并不意味着更快乐。在充满多巴胺超常刺激的情境下，这一点尤为明显。

刺激戒断实验进行一段时间之后，每天早上读报纸这件事竟然会让我感到莫名兴奋。在实验中，报纸是我唯一的新闻来源。当我偶尔听到身边人谈论新闻时，我会在第二天一大早起床，快步走到门口取回报纸来了解这个新闻的最新进展。就像让自己在每餐前都有饥饿感是减肥的绝佳方法一样，品味一件事前的期待感也会让我们更享受这件事。虽然门口报纸上的新闻已经是几个小时前发生的事了，但每次我都发现正是这几小时的时间差让我更加冷静，给了我深入思考重要问题的机会。

随着实验的深入，我发现自己没有太多时间投入那些能立即带来快感的刺激中，这个实验也不再仅仅关乎多巴胺，更像是一场深刻的自我探索之旅。在数字世界的空闲时间里，我重温了多年未读的网页漫画，发现自己笑声依旧。实验进行到一半时，妻子与朋友外出，我发现自己躺在沙发上感到百无聊赖，这是我久违的感觉！于是我打开 iPad 上的相册，开始浏览多年前的生活印迹，回忆起我刚离家独立生活的日子。那时我还单身，住在一间装修简单的小公寓里。看到那些照片，不由得感慨自己已经很久不曾这样细细品味过去。那些记忆也让我回想起那时的自己，在迷茫中满怀期待地思考着这个世界。回首过往生活，我们总能更直接地看到事情的发展轨迹，同时明白生活的故事将如何续写。

就在那一刻，我领悟到一个简单的道理：在这种怀旧的情绪中，我意识到我渴望的并不是过去的生活，而是怀念那曾经体验生活的方式。我不想回到那个装修简陋的单身公寓，我渴望的是平静，希望生活更简单一点，不像我在重重焦虑中感受到的那样复杂。翻看旧照片时，我联系了照片中的几位老友，他们都开心于我的主动联系。电话交谈的感觉非常好，比通过某个应用程序互换"多巴胺刺激"型的交流更让人愉悦。等到妻子回家时，我给了她一个深情的拥抱，感谢她的陪伴（同时也感谢她懂得如何装饰我们的家）。

　　我们总是喜欢怀念过去，认为现在的生活太复杂了（实际上可能并没有你认为的那么复杂），这大概是因为我们还没有找到正确看待当下的视角。这也是情有可原的，因为从现在的生活中抽离出来，再退到远处去客观审视生活，这本身就是一件非常困难的事情。怀旧是一份久违的感受，能在实验中与它重逢，对我来说无疑是一份珍贵的礼物。

　　如果我当时打开的是 Twitter，那么我断然不会与这些美好的回忆重逢，不会与这些欢喜的瞬间不期而遇，也无法通过这种方式回顾过去的生活，更谈不上对未来的期许了。在处理生活和工作中的大事之余，我有更多的闲暇时间和精力，我的思绪更频繁地飘向我期待已久的令人兴奋的未来事件，也让我对这些经历有更深的体悟。

　　说实话，实验的效果出乎意料地好。"刺激戒断"这样的说法可能听起来有些花哨，但它的确能带来深远的影响。随着实验的推进，我生活中的忙碌感逐渐消退并开始感激这个刺激戒断实验，因为这次经历，更多我钟爱的元素回到了我的生活中：更多的自由时间、更有耐心面对挑战、更高的效率、看到生活更多的意义、开阔的视野、内心的安宁，以及对人、对事更深的理解和体验。我能够更专心地处理和体验每一刻的生活，因此我拥有了更多美好记忆去品味。

这一切带给我的收获，不仅仅是我能够更好地理解和处理生活中发生的事情，通过安定思绪并保持平静，我还找到了面对生活中的变化所需的耐心。

啊，这是一份多么美好的礼物啊！

整个实验过程并非顺风顺水。我想提醒你的一点是，实验最初的两周是旧的强迫性习惯逐渐消退所需的周期，一开始你可能发现自己的思绪根本无法安定，你总是在寻求分散注意力。你会察觉到那些让你忍不住想拿起手机的情形，比如遇到压力过大的情况、感到尴尬或者无聊的时候等。尽最大努力观察这些现象，并记住一点：这种内心的不安感只是整个过程中的一部分。**那些看似不安的感觉，其实是你的内心正在平静下来的信号。**

在这个过程中你可能会遇到一些小插曲，这很正常，只需要随机应变就好。我注意到自己每次解锁手机时都会习惯性地查看新消息通知，于是开始把手机放到另一个房间。在第一次刺激戒断临近尾声时，我和妻子买了一栋房子，我需要在房屋检查员、经纪人和律师之间进行大量的协调和沟通工作，以确保房屋购买进程顺利。我设定了一个"通信模式"时段，在这个时段我可以快速完成这些高强度的沟通工作，而在其他时间我可以断开连接，专注于别的事情。在生活中我们还会产生一些其他的冲动，比如点外卖、查看工作相关数据或者在结束一天的漫长工作后和妻子一起喝一杯。这些只不过是一些不难克服的小挑战。有其他事情可以让我投入其中，对于抵抗这些冲动很有帮助。我很开心在那一个月里只有一次没有抵挡住诱惑。当时有媒体针对我的一本书对我做了专访，节目推出后我没忍住查看了一下这本书的销售情况。

鉴于这次实验成果丰硕，我将其称为一场"胜利"丝毫不过分。

以平静的方式开启一天，
才有可能一天都保持平静

如你所见，制订一个刺激戒断计划的步骤是简单明了的，而真正的困难在于后续的执行。在首次尝试刺激戒断后，我还进行了几次，每次都是为了应对生活中悄然回归的超常刺激。你可能也会面临类似的情况。一些让我们分心的事物能利用我们的神经系统来吸引我们的注意力，所以我们需要持续应对那些反复出现的分心现象。应对的关键在于保持警惕，我们需要经常检查超常刺激是否重新出现在我们的生活中。一旦它们再次出现，我们可以抽出一个月或至少几周的时间，通过刺激戒断再次远离它们。

以下是刺激戒断计划的具体实施步骤可供参考。

⬛ **在平静中高效**　　　　　　　　　　　　HOW TO CALM YOUR MIND

● **步骤 1：确定需要减少或剔除的活动和分心因素。**

审视你在现实世界和数字世界的生活，明确你的时间和注意力主要花在哪里，以及你的精力主要消耗在哪些让你分心的事物上。把你希望减少或者剔除的所有活动列出来，同时处理压力清单中与多巴胺相关的习惯。请根据你自己生活的实际情况调整实验内容，并合理预期能预防的分心因素具体有哪些。如果你发现自己难以抵制多巴胺引发的分心，那么就为你的戒断计划设定明确的界限。具体来说，你可以在电脑上安装防止分心的软件；把手机里可能造成问题的应用删除，或者设置打死也记不住的超长密码，这样你要想登陆这些应用非得重置密码不可；或者请你的伴侣在实验期间监督你，最好能和你一起做这个实验。

- 步骤 2：寻求并参与更多元的活动。

  这是你能否用短暂的急性压力替代长期的慢性压力的关键步骤。为了促进身体分泌更多与平静相关的神经递质，确保你找到的是那些通过人际互动、实现目标和接受挑战，让你更加专注、更加投入于当下的活动。这类活动大多存在于真实世界中，这一点我会在第 6 章中详细解释。记录可以让你全神贯注的有趣活动，其中包括因为"没时间"而被暂时搁置的活动。许多人会选择阅读和锻炼，你的清单里也许还写了联系老友、参与体育活动、画画、重拾被遗忘的乐器或者参与园艺活动等。每当你不知道该做什么时都可以翻翻这个清单。找到的替代活动越多，你做这个实验就会越轻松。

- 步骤 3：选定一个时间段开始实验，并注意观察过程中自己的变化。

  当你看到这些策略有效果时，坚持下去的动力就越足，这个实验也是如此。选定实验时段，我建议至少两周，因为人脑需要 8 天左右的时间来适应较低程度的新刺激。开始实验后注意观察自己身上的变化。你是不是感觉更平静了？工作时是否变得更专注从而提高了工作效率？你是否在个人生活中更投入，更专注于活在当下？你是否感觉到倦怠、压力和焦虑开始减轻？请你花时间去观察这些变化并反思实验带给你的影响。

我的第一次刺激戒断实验是在我追寻内心平静之旅的后半程开始的，实验在 2020 年 3 月中旬结束。在戒断实验结束后，由于新冠疫情的影响，我再次接触了原本让我分心的事物，我又感到了焦虑。虽然我能通过阅读每天的报纸了解疫情动态，但网络上的新闻却给我完全不同的感觉。同样的新消息，网络上的表达更加激进，也更令人担忧。通过报纸，我能以更明朗的视角看待事情的进展，然而在网上，我感受到的只有恐慌。

那些有争议的消息霸占了我手机中的新闻头条，我几乎立刻就感觉到自己有更多的事情需要担忧，但实际情况是，第一次疫情封锁后，我和家人的生活并没有发生实质性的改变。网上看到的每一个人的忧虑，都成了我自己的忧虑。我不再像以前那样每天一次且冷静客观地阅读报纸上的新闻，而是从那些每隔几分钟就更新的网站和推送中，了解关于病毒、股市震荡和政治动荡的信息。我被卷入了这场由担忧、焦虑和分心构成的旋风，这就是网络社交新闻活动的典型特征。

在那一刻，一种前所未有的冲动在我内心升腾，我听到我的内心在呐喊：快点退后一步吧！断开连接，不要再将思想和心灵交给社交网络，让它们为了盈利目的操纵我，分散我，利用我。那一天，我信手拿起笔，在经常使用的便签本上写下了以下只言片语：

> Twitter 让我灵魂空洞，
> 新闻使我内心荒芜，
> 两者都让我如临大敌、反应过度，
> 令我倦怠，
> 我须不惜一切代价，
> 避免这两个如同雷区的存在。

在第一次刺激戒断实验后，曾经让我上瘾的压力变得空洞且毫无意义。那时，光是考虑到家人的健康、我的事业和我所生活的城市就已经足够让我产生巨大的压力了。这世界已经充斥了太多的焦虑，没有必要再强加烦扰。我很幸运，可以选择与那些引发压力和焦虑的信息源断开连接。这并不是说要无视疫情防控期间他人感受到的真实痛苦，我们每个人都有属于自己的疫情故事，有些人会比其他人的更加艰难。但是这里的核心道理很简单：在高度焦虑和压力时期，要特别注意我们接收和处理的信息，这一点非常重要。这样做有助于我们保持平静，维持心理健康，并且保留我们真正需要的宝贵精神资源，以便我们能够实际参与和应对周围正在发生的事情。

需要经历多次才能真正铭记于心的教训往往是最重要的。在我尝试排除分心的过程中，我重新认识到了一个重要的道理：**分心只会致使更多的分心，这是因为多巴胺会引发更多的多巴胺**。换句话说，大脑受到的刺激越多，我们就越渴望更多的刺激，以保持这种高度兴奋的状态。因此，如果我们能以平静的方式开启新的一天，比如读一本书、安安静静地喝一杯咖啡或者与伴侣一起自然醒来，那么我们就更可能保持一整天的平静。

原始大脑如何适应现代世界

如果砍倒一棵树并观察树干的横截面，你会发现里面有一系列同心圆形状的年轮，每个年轮对应一年的生长季。这些年轮能告诉你很多信息，比如树龄（通过数年轮来计算），每年的生长情况（年轮较宽表示这一年的生长效率较高），甚至这棵树一生中生长环境的光照情况（一侧年轮较窄表明树木得到的光照较另一侧少）。

我们的大脑也是这样。观察大脑的结构可以帮助我们了解人类的起源和演化历史。例如，大脑结构中有很大一部分都是用来与他人建立联系的，所以我们的社交行为会得到大脑的奖励。大脑的外层结构，如负责逻辑推理、空间推理和语言的新皮质，是在早期更本能的大脑部分出现之后才演化出来的，这些早期的部分位于我们大脑的核心部位，例如冲动边缘系统（impulsive limbic system）。当大脑不同系统中的目标互相矛盾时，比如减肥和吃美味糕点，冲动边缘系统通常会占上风。

尽管我们大脑的外层结构非常复杂，但其核心部分依然非常原始。最有力的证据表明，人类的大脑在大约 20 万年前进化到了现在的状态。这听起来可能像是很长的一段时间，相对于我们现代世界的发展来说，的确是这样，然而，与大脑进化过程的整个时间跨度相比，这只是一个极小的瞬间。

我们的大脑在现代世界出现之前就已经进化到了现在的状态。从某种程度看，它就像是一种遗物。电脑的运行速度大约每两年翻一番，而大脑从人类开始徒手狩猎、采集食物和制作工具以来，一直没有什么变化。

在今天，我们不得不继续用这个原始的大脑去适应一个对它而言十分陌生的世界。我们就像是离开了水的鱼，竭尽全力生存。我不打算深入探讨我们的原始大脑本身如何与现代世界格格不入，因为有很多书已经讨论过这个话题了，包括我自己的几本书。然而值得我们深思的是，你用来阅读这些文字的大脑，是在人类经历的几乎所有压力都还是生理性压力的时期形成的。那时有野兽追赶我们，有天敌攻击我们，比起"假想的电子邮件"出现在我们口袋里的那块闪亮的矩形屏幕上这件事，我们更害怕剑齿虎这样的动物。

我们的原始大脑在适应现代世界时遇到了两个重大挑战：大脑所承受的压力比以往任何时候都要大，并且缺少释放压力的途径。

今天，我们面临的大部分压力都是心理压力，它们并不存在于我们的物理世界中。我们并没有为这些压力提供出口，而是让它们在我们内心不断累积。运动曾经是压力的一个出口，那时我们平均每天步行 13 千米；社交也曾是一种减压手段，我们几乎所有时间都被他人包围；过去我们也会让身体摄入优质的食物，那些生长在地里、树上和灌木中的食物。而如今，我们的活动量只有身体期望的一小部分，我们的社交互动和健康饮食比以往任何时候都要少。

从某种程度上说，这也没什么不好。得益于现代世界的便利，包括医疗条件的改善、更便捷的交通方式，以及可以模拟社交互动的网站，我们仍然可以活得很长久。但你可能已经发现，涌入我们生活的压力远超释放的压力。我们接收的电子邮件越来越多，户外运动的时间却越来越少；社交媒体的使用越来越频繁，兴趣爱好却越来越少；朋友圈的朋友越来越多，能交心的挚友却越来越少；看新闻的时间越来越多，漫步于大自然的时间却越来越少；坐着不动的时间越来越多，深情凝望亲朋好友的时间却越来越少。

别担心，即使这样，我们依然可以顺应大脑和身体的运作方式，在释放压力的同时找到平静。具体的做法主要包括与人交往、运动、冥想以及保持良好的营养摄入。生活中的这些要素都能帮助我们平衡心态，引导我们走向平静。

平静TIPS

- 远离人为刺激，确保自己做的事情能释放让人平静的化学物质。
- 重置自己的刺激程度，恢复自己能体会最微小快乐的能力。
- 进行一次刺激戒断实验，初始时的不安感其实是你的内心正在平静下来的信号。
- 以平静的方式开启一天，才有可能一天都保持平静。

HOW TO
Calm Your
Mind

FINDING PRESENCE AND PRODUCTIVITY
IN ANXIOUS TIMES

第 6 章

选择现实世界

如果你想走得快，一个人走；如果你想走得远，一群人走。

——谚语（出处未知）

我们每天都会把时间和注意力分配到两个不同的世界：现实世界和数字世界。

区分这两种环境是非常有必要的，因为它们以截然不同的方式对我们的生活产生影响。在现实世界中寻找平静通常更容易。而数字世界是虚拟的、高度多巴胺化的，它可能会打破我们大脑中的神经递质平衡。相较之下，现实世界中的活动能使神经递质更平衡地释放，让我们更主动地投入当下，带给我们更大的平静感。现实世界也是我们古老、有 20 万年进化历史的大脑所适应的环境，这意味着我们在其中度过的时间越多，感觉就会越好。当然，这并不是绝对的：我们需要从这两个世界中挑选那些能为我们带来平静、增加生活意义以及提升效率的元素，并尽可能地把其余的部分抛诸脑后。

在忙乱的世界找回平静

我们中的许多人在数字世界中花费的时间远超过在现实世界中花费的。在 2019 年年末，每个美国人平均每天需要花费超过 10 小时来处理他们在数字生活中的事务。这个数据是在新冠疫情暴发前收集的，当时还没有封锁、隔离和居家令这些会加深我们与数字世界联系的措施。疫情防控期间的数据显示，我们的屏幕使用时间已经激增到每天约 13 小时。至于这个增长是暂时的还是属于数字化未来的早期迹象，我们难以判断。请注意，这些数据只计算了我们盯着屏幕的时间，并没有包括我们以其他方式连接数字世界的时间，比如听播客或有声书的时间。

我们的大脑并非为数字世界而生，这些统计数据应该引起深思。实际上，这些数字更应该让我们感到困扰才对。亘古以来，我们都生活在现实世界中，在现实世界中与他人社交，用双手创造东西，享受大自然的奇迹，以及安定下来并充电休息。在现实世界中，我们更易找到内心的平静。然而如今的数字世界充满吸引力，完美迎合了我们的本能需求，因此我们毫不犹豫地拥抱了它。

当我们在选择上犹豫不决时，我们常常会倾向于选择更具刺激性的事物。

让我们深入探讨这两个世界，看看在我们寻求平静的旅程中，它们如何为我们的生活增添价值。

神奇的数字世界

到目前为止，我对数字世界的评价相当苛刻，这是因为不仅大部分超常刺激都存在于数字世界中，而且数字世界还可能使我们的日常生活围绕着追求更多的事物构建起来，比如给我们更多的工作，更多事情的进度要跟上，更多的事务要担心，以及更多的"货币"要积累。数字世界甚至可以助长我们的贪多心态，因为我们在数字世界中花费的大部分时间都在应对各种各样的"收件箱"，不断清空它们以达到完成的状态，压力因此不断累积。

但是，否认数字世界的实用性也是荒谬的。数字世界为我们提供了前所未有的与他人连接的机会。越来越多的人仅在数字环境中工作，从事数字劳动。如果你从事知识型工作，那么你可能会发现，随着时间的推移，你每天在数字环境中完成的工作任务的比例在逐渐增加。在工作之外，我们也保持与数字世界的联系。数字世界是强大且令人敬畏的，这是对这个世界最真实的理解。就在昨天下午，我在手机的玻璃屏幕上轻轻点了几下，20 分钟后，一份热气腾腾的卷饼就送到了我家门口。试想一下，我该如何向 20 万年前的祖先解释这一情景。

数字世界的奇妙之处完全可以用一整本书来展示。例如，数字世界能够给我们提供更健康的动力。使社交媒体具有上瘾性的心理机制，在订阅健身服务中同样可以发挥作用，使健身这项活动变得像一场有趣的游戏。互联网与我们的数字生活密不可分，它能够让我们与世界各地的亲友保持联系，甚至可以实时看到他们的面孔，而在不久前，这种技术还被视为一种幻想。数字设备使我们能够接触无数有趣的事物，比如搞笑图片、猫咪照片、菜谱、地图，以及几乎在瞬息之间就能下载图书、有声读物、电视节目或电影。只要附近有个智能音箱，我们就可以大声向它提出任何问题并得到答案。如今，它的换算功能也十分普及，成了我们日常生活的一部分，我们不再需要记住 1 千克约等于 2.2 磅这样的信息。

尽管数字世界可能会提供一些我们不需要的刺激，但它无疑是一个奇迹。然而，这种有用与无用的二元性判断确实引发了一个问题：

如果数字世界的一部分让我们焦虑，另一部分却有助于我们，那我们该如何识别并保留对我们有价值的部分，同时削减其他部分呢？

这里有一个简单的原则：只有当数字世界能够支持我们实现自己的目标时，它才具有价值。记住：在最理想的状态下，效率的关键在于意图。13个小时的屏幕使用时间并非全然不好，只有当它导致我们失去对自己意志的掌控时，它才变得无益。

互联网的刺激效应会使我们很快忘记自己的初衷。比如，我们打开社交软件本来想要发一条动态，却在浏览别人的最新动态时进入"自动驾驶模式"。新闻也是一样，我们在自己偏好的新闻网站上闲逛，往往会被比我们原本打算阅读的内容更新奇、更有刺激性的热门新闻吸引。当我们打开YouTube视频网站想找一个如何更换客厅恒温器的教程时，我们往往会被个性化首页上新加载的视频吸引。半小时以后，当我们放下手机，看到客厅恒温器时，才想起我们上YouTube的初衷。

这种情况并不常常发生，但是每次发现自己陷入这些时间的陷阱后，我们往往会对自己在网上浪费的时间而感到内疚。

最有效的数字服务并不会挟持我们的意图，而是会支持我们实现目标。例如，当我们打开网约车软件叫车时，软件内很少有分散我们注意力的东西（至少在我写这本书的时候是这样）。其他如冥想或指导我们锻炼的软件也是如此，这些软件的多巴胺刺激性通常较小。

数字世界中最有价值的元素能够为我们在现实世界中的生活带来额外价值。当一项数字服务满足以下条件时，它的价值就会凸显出来。

- 为我们节省时间，如预订住宿、导航或给即将见面的人发信息。
- 为我们的现实生活添加新的特性，如使用网约车软件叫车，或者使用健康追踪器记录运动情况。
- 帮助我们与他人建立联系，如约会软件和聚会网站。

数字世界的这些特性使我们的生活变得更加简洁高效，这让我们有更多的空间去追求平静。同时，它们也引导我们更有意识地利用时间。

划分你的数字生活和现实生活

我们可以进一步，把自己的日常活动放在一张维恩图^①中（见图 6-1），分成以下 3 组。

- 只能在数字世界进行的活动：比如刷新社交软件、玩电子游戏和查收新邮件等。
- 只能在现实世界进行的活动：比如洗澡、睡觉、进行户外活动和喝咖啡等。
- 在两个世界都能进行的活动：这类活动非常多，比如阅读、理财、玩游戏、使用地图导航、写日志以及与朋友聊天等。

---

① 维恩图是一种用于显示元素集合重叠区域的图示。——译者注

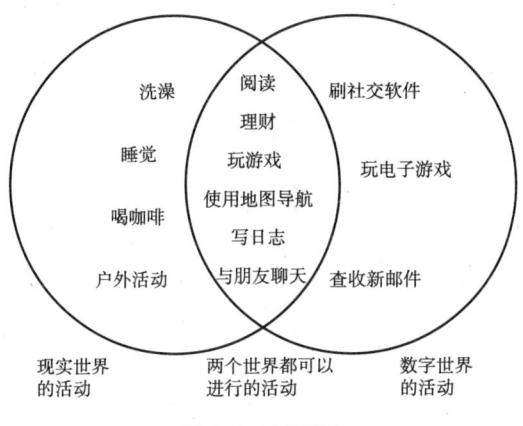

洗澡　　　　　阅读
　　　　　　　理财
睡觉　　　　　玩游戏　　　刷社交软件
　　　　　使用地图导航　　玩电子游戏
喝咖啡　　　写日志
　　　　　与朋友聊天
户外活动　　　　　　　　查收新邮件

现实世界　　　两个世界都可以　　数字世界
的活动　　　　进行的活动　　　　的活动

图 6-1　日常活动

　　这里有一个小技巧：**当我们希望高效地完成某项活动时，我们应该选择在数字世界中进行；而当我们希望自己的行动更有意义时，应该选择在现实世界中进行。**这样做可以发挥两者的优势，为自己节省时间，让生活更有特色，以及与他人建立更好的联系，同时避免陷入数字深渊。

　　如果到目前为止你都按照书里的建议去做了，那么你很可能已经找到了一个更加平衡的方式来处理工作和生活中的事务。通过消除慢性压力源并从其他刺激中抽离，你已经掌控了生活中的超常刺激，剩下的数字活动更有可能支持你实现目标。如果你已经做到了真正享受你"品味清单"上的一些活动，或者在刺激戒断期间将一些现实世界的活动融入自己的生活，那么说明你已经在某种程度上实现了从数字世界向现实世界的转移。有了更平静的心态，你很可能不会再像以前那样强烈渴望网络提供的超常刺激了。

　　我们甚至可以更近一步，刻意选择非数字化的方式来完成任务，特别是那些既可以在数字世界进行也可以在现实世界进行的任务。

现实活动

无论是与家人来一场自驾游、推心置腹的谈话还是去远方度假，你最珍贵的记忆可能都来自现实世界。至于在数字世界的记忆（至少你记得的那些）可能已渐渐淡去。并不是说你在刷 Instagram、打游戏或者看电视上花费的所有时间都是浪费，但一般来说，数字世界更多时候是一个吞噬时间的黑洞，而非美好记忆的宝库。

当然，并非所有的数字活动都毫无意义，其中也有例外。比如，你可能是个电影迷，记得自己看过的每一部电影的每一个场景；或者是一个计算机程序员，编写的软件能帮助医生在一天中看更多病人；你甚至可能在网上邂逅你的另一半。我个人非常珍视在电脑上写作的经历，我也收到过改变我一生的邮件，当然不得不提那次泰勒·斯威夫特（Taylor Swift）为我的推文点赞的辉煌时刻。但对于你我来说，正是这些"例外证实了规则的存在"。

现实世界不仅能带给我们更多的平静和平衡，还有一个额外的优势：它能减慢我们对时间的感知速度。这使我们能更深入地理解并记住更多的事情。当我们品味过去、回忆生活时，我们往往会忽略日常琐事。时间心理学告诉我们，生活中的新鲜事物越多，我们感受到的时间流逝速度就越慢。在我们的心中，新奇事件就像是时间流逝的标志，是我们回首过往、评估来时路的参照点。换句话说，新奇事物不仅是我们在当下追求的东西，当我们回首过去时，我们也被新奇事物所吸引，这也是一种记忆值得回味的标志。

虽然互联网公司为我们提供了很多新奇服务吸引大脑去追求，但这种新奇性通常表现为短暂的分心，就像我们在数字世界中抓住一根根绳索并不断地晃动荡到下一根去。此外，新奇性是相对的。在互联网上，几乎所有的事物都具有新奇性，但因为新奇事物太多，往往就变得不再新奇了。我们仿佛走在数字版的时代广场上，被无数的刺激所淹没，以至于无法充分"看清"任何事物。

另外，现实世界的节奏更慢，但这种慢节奏却是好的、有意义的。它足够慢，让我们有时间去理解、去品味、去铭记。考虑到我们在屏幕前度过了日常生活中的绝大部分时间，所以刻意地从数字世界后退，更深入地参与现实世界，无疑是通向平静的一条可靠路径。

在追求宁静的旅程中，还有一个我尤为喜欢的实验是花更多的时间去享受现实生活中那些慢节奏的安静时刻。我用现实活动取代的数字活动越多，就越能深入享受我的生活。到了工作时间，我也能慢下来，避开分心事物，只是平静地专注于眼前的事情上。

我也发现，选择用现实活动替代数字活动，使我更能从所花费的时间中获取意义。尽管我的 iPad 能让我高效地阅读研究资料和图书，但我发现自己更喜欢把这些材料打印出来，或是带着笔仔细研读，或是翻开纸质材料一边读一边在页面边缘做笔记。我不再通过电子版的《经济学人》浏览文章，而是订阅了纸质版的杂志，就像订报纸一样。我发现这种更平静的慢节奏方式能让我更深入地了解世界上发生的各种事情，也让我的印象更深刻。研究表明，我们的注意力处于"满载"状态的频率越低，我们记忆的内容就会越多。

虽然在速度上我有了一定损失，但我通过专注力和平静心态所获得的收益远超损失。并且，因为没有分心因素，我对时间的利用效率也提高了。

现实世界的另一大优点是能为我们提供心理空间，让我们有机会深入思考并处理我们的想法。在数字世界中，我们很少有时间反思、探讨观念或深度挖掘问题的创造性解决方案。我们总是太急于从上一个点子、链接或视频跳转到下一个。①

进行现实世界的活动可以给我们的思维提供更多的空间。当我们的思绪自由漫游时，我们往往会自然而然地产生新的想法，对未来进行规划，精力也会得到恢复。回忆一下你上次洗澡的时候或者你最近一次让自己的思绪漫游的时刻，我将这种刻意进入的状态称为发散注意力（scatterfocus）。你可能就在以前洗澡的时候找到了解决问题的方法，为接下来的一天做好了计划，洗完后你感到精力满满。

在追求内心平静的过程中，我用现实活动替代了许多数字活动，效果显著。如果你也想借助现实世界降低生活的刺激度，以下是我亲身试验后推荐的一些替代活动。

■ **在平静中高效**   HOW TO CALM YOUR MIND

- 写作：

    我正在电脑上打下这些文字，毕竟这样更高效，而且如果用手写这本书的话，很可能需要花费两倍的时间，而且还得基于我能阅读自己潦草字迹的前提。但对于生活化的写作，比如给朋

---

① 值得注意的是，互联网可能将我们从通过屏幕交互的二维状态，发展为可以叠加到现实生活上的三维状态，这种概念常称为"混合现实"或"元宇宙"。具体的未来会如何，以及它将如何展现，只有时间才能告诉我们。不论结果如何，这种混合现实可能仍将比现实世界更多地刺激多巴胺的释放，因此我们也应适当地保持距离。

友写信、写日记或者规划未来，我更倾向于选择手写。我特别喜欢用钢笔写作，它能让我放慢速度，形成了一种让人放松的写作仪式。清晰的笔迹和添加墨水的过程也给我带来一种奇妙的平和感。

- **创建纸质待办事项清单：**

    作为一个研究个人效率的专业人士，我试过的待办事项软件数不胜数。然而，在寻求平静的过程中，我决定删除所有待办事项软件，转而用纸质方式，比如我桌上的大张的办公用纸（当然，还得配上我最爱的三文堂钢笔）来记录我的每日计划和待办事项。这种管理时间的方式虽然比较慢，但更有深度和决断力。一般而言，计划时考虑得越周密，行动就越有决断力。

- **与朋友相处：**

    虽然在社交媒体上与朋友保持联系能让人兴奋，但实际的收获并不多。因此，我不再把在社交媒体上的时间算作与朋友在一起的时间。真正的与朋友在一起的时间，需要我们见面或通过比文字更直接的方式交流（比如打电话）。友谊建立在和人交流的累积中，而这种交流在面对面、实时的情况下更丰富有意义。

- **阅读纸质书：**

    我非常喜欢有声书和电子书，但当我想要深入地阅读一本好书时，我几乎总是选择纸质书。我发现纸质书使整个阅读体验更吸引人。我也开始阅读与工作相关的纸质书籍，这样我就可以在页面边缘做笔记，更顺畅地理解并融会贯通书中的思想。

- **玩桌游：**

    在我刚开始寻求平静的旅程时，我戒掉了玩手机上那些设计过于刺激、容易上瘾的无聊游戏。作为替代，我转向了玩拼图等桌游，最棒的是，这些游戏大多需要和别人一起玩才更有意思，也更有意义。

- **看纸质报纸：**

    在我首次尝试刺激戒断实验后，我完全停止了从线上获取新闻的习惯，转而选择每天早上阅读两份纸质报纸。作为一种价格适中的每日简报，报纸包含了你需要了解的城市、国家乃至全世界的所有重要信息。更棒的是，订阅报纸意味着你将获取信息的责任交给了报纸，你无须在多个网站上自行筛选新闻。如果你的工作或生活并不需要实时关注事件的最新进程，那就可以考虑订阅一份报纸。在当下，虽然许多报纸都秉持特定的意识形态，并通过有偏见的视角报道当日事件，导致订阅报纸这种策略可能在一些情况下会让人感到不适。但是，就像这本书中的其他建议一样，只有在你认为这个策略对你有用时，才需要去尝试它。对我而言，我生活的这座城市出版的报纸足够公正，让我觉得这个策略值得一试。

我列举的以上活动既可以在数字世界进行也可以在现实世界进行，因此，它们是容易优化的活动，可以带给我们更深层次的平静感。通过在现实世界进行以上活动，我们通常不会浪费时间，只是以不同或更深思熟虑的方式完成任务。

提升平静水平的 6 个习惯

除了将两个世界都可以进行的活动放到现实世界完成，那些只能在现实世界中进行的活动更值得我们参与。

研究发现，只参与现实世界的活动可以缓解额外的压力，这样可以使我们与倦怠阈值之间有更多的空间。虽然这些活动释放的多巴胺较少，但它们会通过释放一种神经递质来奖励我们，使我们感到开心、亲切，在某些情况下甚至会让你情绪高涨。

如果你在排除多巴胺分心的影响后发现有额外的时间，那么在这些时段进行这些活动能帮助你充分休息和焕发精力，最重要的是，它们能让你感到平静。它们也会使你更专注于眼前的任务，进入高效工作的状态。

最有助于保持平静的习惯有两个共同点：它们不仅是现实生活中的行为，而且也能让我们的原始大脑感到快乐。接下来，我将重点介绍我最喜欢的 6 种习惯。这些习惯包括运动、社交、冥想、重置咖啡因耐受性、戒酒，以及适度饮食。

运动

就像我们在数字世界中偏向于追求即时性一样，我们在现实世界中倾向于追求便利性。这一点适用于我们日常生活中的体力活动。大部分人都不会走路或骑车上班，而工作内容也更需要动脑而不是动手。在某种程度上，我们更喜欢这种需要较少体力的生活方式，因为无论是生理上还是心理上，我们都有节省体力和能量的本能。

然而，这样的生活方式与我们的生活环境不匹配，因为我们的身体是为运动而生的。我们需要通过身体运动来安定心神。如果你发现自己在办公椅上久坐后老是动来动去，总有想要站起来活动的冲动，或者经常感到躁动不安，可能原因就在于此。从历史上看，我们的祖先每天需要行走 8 ～

14.5 千米，而现在我们每天大约只走 5 000 步，约 4 千米。

曾有建议认为我们的目标应该是日行万步。然而，这个建议"可以追溯到 30 多年前日本的某个步行俱乐部提出的商业口号"。虽然每天走一万步听起来是一个容易实现的建议，但实际行走的距离约 8 千米，只是达到了身体最基础的运动需求。除此之外，你可能会发现要在生活中加入这么多步数是一项繁重的任务。作为一个在家办公的人，至少我是这么觉得的。因此，日行万步这个建议多少有些随意了。

这个建议还忽略了我们所拥有的丰富多样的运动选择，许多运动方式远比规定每日走多少步更有趣。比如，一节瑜伽课可能只能给你贡献寥寥几步，但课后你的身体会感到放松和平衡。如果你选择游泳一小时，可能你手机上的步数几乎不会有变化，但你的身心会有完全不同的体验。在家做家务，比如大汗淋漓地打扫地板、清洁橱柜、擦拭书架，虽然通常不被看作是锻炼，但同样能让你心跳加速。

这里有一条值得遵循的原则：每周至少进行 150 分钟的轻度活动或 75 分钟的剧烈运动，这是美国卫生与公众服务部对定期参与体育活动的建议。同时，要记住这只是让你运动的最低限度。平均到每天，这意味着至少要进行 20 多分钟的轻度活动（如快步走或游泳），或者 10 多分钟的剧烈运动（如跑步、骑自行车、练跆拳道、跳街舞，或者任何能让你大汗淋漓的活动）。一旦你开始动起来，你很可能会想要继续，尤其是当你选择了自己喜欢的运动方式时更是这样。把这些运动量作为一个起点，作为你运动量的最小值。

为了撰写这一部分内容，我又一次请教了凯利·麦格尼格尔，询问她对于那些想要顺应人体本能来运动的人有什么建议。她坚决认为，如果你觉得自己就是不喜欢锻炼，那只是因为你还没有找到适合你的锻炼强度、锻炼类型和参与锻炼的社群，还没有通过这些因素将你塑造成一个热爱运动的人。可以选择的锻炼类型有很多，比如她自己就非常喜欢上团体舞蹈课程、练跆拳道、自由搏击、举重以及进行高强度间歇训练。而我自己在追求平静的过程中，喜欢上了室内骑行课程、在公园里玩飞盘以及跟着 YouTube 视频练瑜伽。每天，我都试图将最低的运动量增加一倍。

保证多样性是关键。尽可能尝试多种运动方式，找到一两种你能坚持的运动。把地下室里积满灰的蹦床搬出来掸掉灰尘，参加一个舞蹈班，或者跑了多长时间步就奖励自己刷多久社交软件；不要坐在电脑前喝早上的咖啡，步行去你最爱的咖啡馆或附近的草坪，在户外享用它；设定每天坐着的最长时间，或者和你的朋友或家人一起进行户外活动，比如放风筝、徒步、骑行或者在市区里走走都很适合；参与一些能让你活动起来的志愿服务，结束后做做拉伸，把拉伸运动当成你的常规放松活动；开更多"步行会议"，或者在你家后院或街心花园里进行园艺活动。多多探索各种可能的活动形式，保留你喜欢的，哪怕这个过程需要花很多时间也是很有意义的。

在寻找适合自己的锻炼方式的过程中，务必留意任何可能出现的消极自我暗示。这种情况几乎是一定会发生的。当它真的出现时，我们需要关注并意识到它的存在，同时也要质疑这些自我暗示的真实性。想到运动，我们的思维可能会偏向消极的一面，这主要是因为许多人选择锻炼是出于改变自身形象的愿望，而非出于对自己身体的爱惜，或是用运动来奖赏自己。围绕运动进行的消极内心对话往往是不准确的，并且会阻止我们朝着目标前进并在此过程中找到乐趣。

麦格尼格尔说："很多人对运动的负面看法，主要来自常见的观念，即健身和锻炼是为了让你的身材看起来'过得去'。"我们应该享受运动带来的愉悦感，而且运动时和运动后的状态，都会让你感觉极好。

除了尝试各种运动找到最适合自己的之外，麦格尼格尔还有两个额外的建议，能让我们在活跃时间内获取更多的益处：尽可能地去尝试集体运动，并花一些时间在大自然中。集体运动能帮你建立社群感，增强你与他人的联系。可促进催产素的释放，让你在运动时能感到自己与他人的紧密联系。麦格尼格尔认为："与他人一起运动能加强你们之间的感情纽带，能释放内啡肽以缓解酸痛，并随着你与他人一起起来而提振你的情绪。"

研究表明，无论我们是在现实世界中与他人一起运动，还是在数字世界中通过在线直播的方式参与健身课程，我们都能享受到这些益处。

经历过漫长的进化，人类的身心才可以在自然环境中，而非在被绿化带点缀的钢筋水泥的环境中茁壮成长。在大自然中度过一段时间就可以使你感到平静，无须你做出任何额外的努力。麦格尼格尔的研究表明，户外运动也可以带来深远的心理健康益处，甚至可以帮助应对"抑郁、创伤和悲伤"等更大的心理问题。

最重要的是，以你感到愉快且你做得到方式开始运动。记住这一点：**如果你觉得运动不适合你，那很可能只是因为你还没找到一种符合你个性的、有趣的运动方式。**

社交

每个人在新冠疫情防控时期的经历各不相同，但一个常见的特点是：我

　　　　　　　　　　　在忙乱的世界找回平静

们的屏幕使用时间增加了，与他人相处的时间减少了。和运动一样，与他人共度时光能让我们更加能量充沛。我们需要与他人共处，因为我们的身心健康有赖于此。

一项最近的研究发现，孤独对我们整体健康的破坏力与每天吸 15 支香烟相当，而吸烟是美国可预防死亡的首要原因。该项研究还发现，孤独给人带来的健康风险可能比缺乏运动还大。

另一项研究发现，我们社交圈子的质量比健身追踪器对身体活动、心率和睡眠的数据更能预测我们自我报告的压力、幸福和健康状况。

还有一项关于这个话题的大型研究梳理了超过 300 万参与者的各种研究结果，目的是探索社会孤立和孤独的影响程度。研究的发现非常惊人：社会孤立、孤独或者独自生活，会使早逝的风险提高 25% ~ 30%。

与人共处不仅让我们大脑中的神经递质保持平衡、让我们感到平静，还有助于我们过上更健康、更长寿的生活。

我们内心深深渴望与他人建立联系。在这个方面投入时间和精力能产生巨大的回报，不仅体现在我们内心的平静和效率的提升，更体现在寿命的延长上。

在我追求内心平静的早期阶段，我发现我必须面对一个令人不安的真相：我并没有那么多深厚的个人友谊，这对我的心理健康产生了负面影响。作为一个比较内向的人，我总是告诉自己，我更愿意安静地读一本好书，而不是花时间与人共处。但当我深入思考时，我发现这种说法其实是一种防御机制：我不想承认自己在社交场合感到焦虑，因此我总是保持着与人们的距离。虽然我有很多泛泛之交，但真正深厚的情谊却寥寥无几（不包括我与亲人的亲密关系）。

注意到这个问题后，我开始有意识地提升我的社交活动项目。当我降低了生活中的刺激程度后，这个目标变得更容易实现：我开始渴望与他人面对面交流。因此，我决定多尝试一些方法来看看哪种最奏效。

我参与了很多社交活动，想找到最合适自己的，但大多数都不奏效。在圣诞节期间，我和妻子以及一位朋友一同观看了当地的一场冰球比赛，在此期间我经过一个男子合唱团。表演者们的歌声悦耳动听，如同天籁。一位表演者看到我很欣赏他们的音乐，于是递给我他的名片，并对我说如果有兴趣的话，可以考虑加入他们的团队。我接受了邀请并加入了他们，但在参加过几次排练后，我发现团队中有些人对事情的态度过于严肃，这让我不太适应，于是我退出了（给自己的提醒：下次应该加入一个对参加全国比赛不感兴趣的合唱团）。我还参加了一个当地的即兴表演课程，希望能找到一些志同道合的朋友。这个体验很有趣，但我并没有像自己预期的那样与团队成员产生深度联系。我也曾计划加入一个周五晚上的编织小组，尽管我在编织方面只是个新手，但就在我准备加入的时候，那个编织店却倒闭了。不过我发现编织的过程能让我产生很多新想法，编织可能是最被大众低估的提升效率的习惯之一。

幸运的是，其他一些尝试带来了更为有益的结果。我开始接受心理治疗，这让我首先意识到自己的社交焦虑，让我能深入剖析那些令我不适的因素。虽然这并没有直接让我摆脱焦虑，但它确实帮我克服了一些阻碍我和他人互动的心理障碍。我和一些工作中的伙伴一起组建了一个工作责任小组，

　　　　　　　　　　　　　　　　　在忙乱的世界找回平静

每周都会碰头讨论工作策略和我们的个人目标。这既让我有机会培养一些正在萌芽的友情，同时也平衡了我在工作中感到的孤独感，而这种孤独感正是导致我产生倦怠的原因之一。我也珍视陪伴我多年的朋友们，因此刻意留出更多的时间来深化与他们的联结，包括高中时期的老朋友，每个夏天一起做志愿者的朋友，以及在城市角落里相识的朋友们。我开始努力在每周的日程中安排一两次社交活动。当我因工作出差时，我也会想想我即将前往的城市里有没有认识的人，看看他们是否有空一起吃个饭或者喝杯茶。

这种新发现的社交互动不仅让我感到更加平静和平衡，而且随着这些联系的持续和友谊的加深，还给我的生活注入了更多能量。**在现实世界中，平静感的一大源泉无疑是人与人之间的联结。**

我必须坦白地说，与其他人建立联系是这本书中我最需要继续深化和实践的策略。总的来说，我发现在与他人相处时，有 3 个规则值得遵循。

● 在平静中高效 HOW TO CALM YOUR MIND

- **面对面的社交才算数。**

  数字世界的社交并不等同于真正的社交。你的大脑会对两者区别对待，数字联系是模拟的，只有面对面的社交才算数。虽然面对面的社交需要我们付出更多努力，却能换来更大的平静。

- **尝试尝试再尝试。**

  就像锻炼一样，你可能需要尝试几次才能找到与他人相处的理想方式。加入合唱团、参加即兴表演课程、重新联系那些足够吸引你并让你忘记手机存在的人。继续尝试新的事物，并保留你喜欢的。你可能需要尝试好多次，而且要比预期付出更多努力，但是这些都没有关系。

- **首要关注心境的平静。**

如果你和我一样有社交焦虑，你可以通过刻意降低自己的刺激程度来实现这点。人际交往属于刺激程度较低的活动，因此当你努力平复自己的心态时，你会发现社交变得更加轻松自在了。另外，这也会降低你频繁查看手机的冲动。同时，你的生活会变得更加难忘和愉快，你的注意力也不会那么容易分散。

如果你发现，随着你在电子产品上花的时间增加，与他人的交往时间在不断减少，那么你应尽快尝试寻找提升生活中社交活动的方法。无论如何，这种努力都是值得的，因为出于人的生物本能，我们需要与他人建立联系。无论你内向还是外向，你都同样需要真实的社交活动。

增加社交活动的机会无穷无尽。其中一个有趣的策略是与家人一起度过一个"现实之夜"。按照字面意思，这个活动需要大家一整个晚上都要关掉手机，真正把时间和注意力倾注于与彼此共度高质量时光上。社交软件提供的虚拟社交无法与这种面对面的深入联结相提并论。

还有一个值得一提的方法就是帮助他人。当照顾一个人成为一种压力和负担时，会让我们感到精疲力竭。但是，如果我们在关心他人时可以同时做到以下 3 件事，即体验共情、自主行动且明确这样做的目的，那么在帮助他人时会让我们重新焕发活力。焦虑是一种向内的情绪，但当我们把注意力转向外界和他人时，我们会感到轻松、活力满满。正如斯坦福大学教授贾米尔·扎基（Jamil Zaki）在《大西洋月刊》（The Atlantic）上所写的，"人与人在心理上是息息相关的，帮助他人就是对自己的仁慈，这与'照顾自己也是支持他人'是一个道理"。他建议我们采用"关爱他人日"而不是"关爱自己日"的策略。如果你想尝试与人建立联结，这个策略非常值得一试。

当我们剥夺了大脑社交的机会时，我们会变得更焦虑。当我们被人群而非屏幕包围时，我们的生活会充满活力，我们的内心会更从容平静。

冥想

我曾问过利伯曼一个问题：激活大脑平静网络最简单的方式是什么？他回答了一个词：冥想。

如果你读过我的一些早期作品，你会知道我是冥想的铁杆粉丝。因为冥想能帮我们抵抗分心，帮助我们提高工作效率，因此我一直很推崇它。冥想还能降低我们的整体刺激程度，使我们更容易集中注意力。我们花在冥想上的每一分钟，都能以完成更多任务的形式回报我们。正因为这些原因，我认为每个人都应该试试这个方法。如果你本身很排斥冥想，或者觉得它乍一看像是一种"嬉皮士"式的迷幻东西，那你更应该尝试一下。

其实冥想远比你想象的要简单直接得多。至于怎样冥想，只需做到以下两点：

- 坐下来，背挺直，闭上眼睛，将你的全部注意力放在呼吸上。注意所有细节，包括呼吸的频率、环境的温度以及空气如何进入和离开你的身体。
- 每次你发现思绪开始漫游（这是经常会发生的事）时，再次将注意力拉回到呼吸上。

就这样！不要把问题想得太复杂，你的手怎么动无所谓，无论坐在椅子上还是坐在冥想垫上，甚至睁着眼睛都行，前提是环境里没有视觉性干扰。

不过，虽然冥想在理论上很简单，但在实践时，你的大脑会反抗。你可能觉得这简直是不可能完成的任务，即便你事先专门划出了时间冥想，也可能会打退堂鼓，一拖再拖。

但这恰恰是冥想的价值所在。如果你能在专注呼吸时找到平静，那么你也能在一天的其他时间里更容易找到平静。在你的消极自我对话泛滥或者外部环境嘈杂时进行冥想尤为有用。冥想的一个真正意义在于，**如果你能在专注于呼吸的过程中保持平静，你基本上能在做任何事情时都保持这样的平静状态**。很难想象有什么活动的刺激程度会比呼吸更低。因此，如果你能学会专注于呼吸，那么在任何事情上你都能保持专注。

冥想之所以有益，是因为它提供了一个机会，让你观察到哪些由焦虑引发的思绪在一天中占据了你的注意力。需要强调的是，在冥想过程中，你的思绪会不断游离，这是完全正常的。关键在于你要有所预期，当你的思绪开始游离时，你能够察觉到，并轻轻地把你的注意力拉回到呼吸上。

与一些人的认知相反，冥想的目的并不是让你的大脑停止思考。这是不可能的：你的大脑会不断地思考（如果它停止这样做，你就会遇到更大的问题）。甚至可以说，我们的大脑会对周围发生的事情产生强迫性的思维反应。

我们大脑产生的思维可能会助长焦虑的发生，但冥想却能帮助我们注意到大脑的这种倾向。意识到自己的思绪开始游离，然后有意识地将注意力拉回到呼吸上，这个过程实际上在我们的思绪之间创造了一段微小却有意义的距离。这提供了我们需要的空间，让我们能够从思考中退后一步，评估我们的想法，思考它们是否真实，并在接下来的每一次呼吸中，逐渐增强对自己注意力的控制。

当我们学会从自己对生活的主观认知和思考中退一步，我们就能察觉哪些是真实的，而哪些则是由焦虑循环推动的。随着时间的推移，我们脑中生成的不真实的认知会逐渐减少，我们也更能够沉浸在当下的时刻。

在这样做的过程中，我们能找到更深层次的平静。这是因为冥想能立即在我们的大脑中释放血清素，提升我们的幸福感，同时减少皮质醇的产生。我个人更倾向于冥想能带来的平静感，这比理解冥想会引导大脑释放哪几种使人平静的化学物质更能成为我冥想的动力。

一项研究发现，冥想释放的内啡肽数量可以与跑步相媲美。所以，忘掉跑步快感，试试冥想快感吧！

冥想不是一件容易的事。至少在最开始尝试冥想时，并不会带来很大乐趣。你的大脑会试图找出种种理由，说服你不应该浪费时间冥想。然而，你越是能够克服这些思绪，将注意力集中在呼吸上，你就会变得越来越平静。

冥想一旦成为你日常生活的一部分，你被思绪妨碍的情况就会减少，你甚至会变得更加高效。

在寻找平静的方式中，虽然本书主要关注更深层次的改变，但我们也可以采用呼吸练习作为一种更短期、更即时的获得平静的方式。这种方式对于应对高度的急性压力特别有帮助。它是通过刺激身体的迷走神经来帮我们获得平静的。这条神经是我们副交感神经系统的核心部分，也就是当我们放松且无压力时会活跃的那部分神经系统。这条神经还将我们的身体和大脑连接起来。通过刺激这条神经，我们可以获得更深的平静。[1] 打哈欠和放慢呼吸

---

[1] 自主神经系统的另一部分，即交感神经系统，在经历压力事件时会被激活。这是我们产生"战斗—逃跑—僵化"反应的原因。

就能有效刺激该神经。特别是通过腹式呼吸，并使呼气时间长于吸气时间，这样的慢呼吸特别有效。

除了呼吸的方法，另一种刺激迷走神经的方法是使双眼放松，让眼神变柔和，目光不集中在任何特定的事物上。如果你不理解怎样放松双眼，可以想一想你在欣赏一幅壮丽辽阔的景象，比如望向大海、星空或者日落时，你的眼睛是如何自然地放松的。

将上面的这些方法和下面的技巧结合起来能帮你快速找到内心的平静感。设定一个5分钟的计时器，打一两个哈欠，然后尝试"四八呼吸法"，即吸气4秒，呼气8秒，同时让你的眼神变得柔和。尝试在这5分钟内，只关注你的呼吸。当你的思绪不可避免地游离时，只需将它重新引向你的呼吸。这项活动能让你在5分钟内就体验到冥想的益处，并带来生理性变化，使你达到更深度的平静。如果你觉得一次尝试这些方法和技巧太过繁重，那就选择一两种来试试。这些都是在高压情况下快速找回平静的有效途径。

重置咖啡因耐受性

除了运动、社交和冥想之外，我们越是摄入身体所需要的食物，就越会感到平静，同时会更有活力！稍后我们会讨论我们需要的食物，但在这之前，让我们来谈谈咖啡因。

为了观察咖啡因如何影响我的平静感，我在戒断实验进行到一半时决定开展另一个实验，重新调整我对咖啡因的耐受性。

在实验之前，我已经逐渐喜欢上用心准备一碗抹茶的清晨习惯。在安静的早晨，我会从床上懒洋洋地爬起来，走到厨房，将水加热到80摄氏度。

接下来的仪式是一个平静而又令人清醒的过程：在碗中筛选抹茶粉，只留下细末，然后加入一点热水搅拌，把粉末制成抹茶浓缩液，最后再加入更多水搅拌，完成这碗美味且泡沫丰富的抹茶的制作。在我需要更多能量的日子，我会享受用爱乐压咖啡壶做咖啡的仪式，但我不会详细介绍具体过程，不然你可能会扔掉这本书，再也不会读完它了。这两样活动都在我喜欢的品味清单上，但我准备放弃它们，看看一段时间后可能会发生什么。在决定这么做的那一刻，我的心里有一种莫名的兴奋感。

我决定快刀斩乱麻，趁此彻底戒掉所有咖啡因。第一天，我几乎没有任何戒断症状，这让我大感意外（作为最后的狂欢，我在实验开始前一天猛灌了4杯咖啡）。除了在睡前有些轻微头痛外，我感觉非常好，那天我还完成了比自己预期更多的工作量，这让我感到非常惊讶。

第二天，戒断症状如排山倒海般袭来。我自己感觉就像被一辆重达6吨的卡车撞了一样，不得不上床躺一会儿。在实验之前，我平均每天摄入的咖啡因含量已经相当于两到三小杯咖啡中的咖啡因含量了。然而，这个实验迅速让我意识到，我已经对咖啡因产生了依赖。这一天我感觉就像是得了流感一样，完成的工作量大不如前，对感兴趣的事也提不起精神，我妻子甚至开始担心我真的生病了。她开玩笑地对我说："我不知道是应该像照顾流感病人一样照顾你，还是就当你正在从咖啡因依赖中恢复。"（事实上是后者。）

到了第三天，最严重的戒断症状已经明显减轻了。那天早上，我吃了一颗镇痛药，头痛缓解了，虽然做事情的时候还是有些拖拉，但总体感觉还算不错。我的工作动力比平时少了一些，但由于有几个项目的截止日期临近，所以我并没有像预期的那样有心无力。

接下来的几天这些症状持续减轻，大概从第九天开始消失。我发现增加运动量、多休息、偶尔服用镇痛药以及多喝水来缓解头痛，对缓解这些症状帮助很大。

到了第十天，我的精力恢复到了我以前摄入咖啡因时的水平。我们大多数人都把咖啡因视为一种兴奋剂，但实际上，我们的身体会调整对咖啡因的反应，直到咖啡因不再产生效果。当我们习惯性地摄入一定量的咖啡因，我们需要继续摄入相同的量，才能恢复到平时的状态。

随着对咖啡因需求量的减少，我感觉比以往更加平静了。在没有咖啡因的情况下我的睡眠更好了，这本身就让我感觉更有精力、更平衡也更平静，而且我的日常生活也变得更轻松了。睡眠是生活中另一个我们在追求平静时应该加倍关注的重要部分。如果你经常无法满足建议的每天 7.5～8 小时的睡眠，那么你需要养成按时上床的睡前习惯，或者有一个让你每天都期待、让你感到平静的晨间仪式。睡眠不足是焦虑发作的常见触发因素，因此在睡眠习惯上下功夫十分重要。

在这次重置我对咖啡因耐受性的实验结束之际，我找到了平静的状态，我的思绪不再为了完成小任务而纠结。由于我的心态更加笃定，所以我对于从工作中抽空休息的负罪感也减少了。同时，我对于让我分心的事物的渴望也减少了。咖啡因会刺激多巴胺的释放，可能会因此导致我们沉溺于寻求更多多巴胺刺激的行为中。①

这项实验进行到一周半时，有一天晚上大约 9 点左右，我感到有些忧虑。因为在那一刻，我感到自己精力异常充沛，要是在以前，这是我当晚入

①如果你对此感到好奇，可以尝试摄入比平时更多的咖啡因，看看在刺激感提高的情况下你是否会更加渴望做分散注意力的事情。

睡困难的信号。在这个实验之前，我通常只有在摄入大量咖啡因的情况下，才会在睡前感到这样清醒与兴奋。然而这一天，我的能量来源改变了，我没有让身体处于高压之下，也没有经历咖啡因带来的能量高峰与低谷的交替变化，我的精力并没有随着咖啡因从体内排出而急剧下降。我的能量始终强劲且持久。即便一天快结束时，我依然精神抖擞，但这根本不是问题。

但这种忧虑显然有点多余，因为当晚我躺下几分钟后就睡着了。

咖啡因已经成为我们日常生活的重要组成部分，甚至成为我们生活不可或缺的一部分，但它同时也是一种可能让我们产生依赖的成分。如果你不想因为戒断症状（包括短期内精力下降）而放弃咖啡因，那么你很可能已经对这种成分产生了依赖。

这完全可以理解，当然我也没法告诉你应该或者不应该吃什么、喝什么。但是，咖啡因是一个非常有趣的研究对象，通过它我们可以审视自己所摄取的食物和饮料如何影响我们内心的平静感。总的来说，食物对大脑神经递质的影响比我们认为的要大得多。

我们通常将咖啡因视为"液态能量"，但更贴切的比喻应该是"液态压力激素"或者"液态肾上腺素"。当我们摄入咖啡因时，我们的身体几乎别无选择，只能增加皮质醇和肾上腺素的分泌。

研究证明，咖啡因可以提高皮质醇的分泌，同时也会将肾上腺素的分泌提高 2 倍左右。

即使我们的身体已经适应了我们摄入的咖啡因量，这一效应依然显著。我们在咖啡因的作用下会变得高度警觉，只是因为咖啡因引导我们的身体释放这些激素，从而驱使我们去完成各项任务。慢性压力和焦虑已经提高了这些激素的水平，摄入咖啡因可能会加剧我们的焦虑情绪，甚至会超过人的承受能力。

喝含有咖啡因的饮料并不会让我们感受到压力，这是因为，除了肾上腺素和皮质醇的分泌，咖啡因还会导致多巴胺（使人兴奋）和血清素（让人感到愉悦）的激增。我们会感到兴奋和愉悦，这就加强了我们对咖啡因的依赖，也使得戒断咖啡因更加困难，因为停止摄入咖啡因会导致这些神经递质的缺失，致使我们的情绪变得低落。

值得强调的是，咖啡因对每个人的影响都是不同的。我们大多数人已经适应了不同程度的咖啡因摄入，而且我们的生理反应也各不相同。有些人只需要喝几口含有咖啡因的饮料就会感到紧张，而有些人可以连喝几杯咖啡却几乎感受不到任何影响。无论你的咖啡因摄入量是多少，如果你感到焦虑，那么可能需要考虑减少咖啡因的摄入。我在调整咖啡因摄入的实验中亲身体会到了这一点。

随着压力激素水平的降低，我发现重新调整咖啡因耐受性对我在追求宁静的旅程中非常有帮助，尽管头几天有些难受。我比大多数人对咖啡因更敏感，因此你在实施这个策略时可能会有和我不同的体验。但是一旦度过了最初的能量下降期，我发现自己不再那么焦虑，注意力也不再频繁地被杂念干扰。我感觉自己的精神能量更为纯净和高效：我的思维变得更加清晰，工作更加高效，精力可以持续到深夜，不像以前在午后咖啡因效果消退后便进入低谷状态。我离内心的平静更近了一步。

如果你在摄入咖啡因后感到焦虑、情绪低落或紧张不安，我建议你重置自己对咖啡因的耐受性。这可能是我在这本书中让你做的最痛苦的事情，仅次于刺激戒断，但我相信你会发现这个尝试非常值得。它可以带来深远的好处。长期以来，咖啡因摄入与焦虑、恐慌症有着密切的关联，在第 5 版《精神障碍诊断与统计手册》（DSM-5）中，甚至有一个名为咖啡因所致的焦虑障碍的诊断。考虑到这种物质对每个人的影响都不同，它对你的影响可能超出你的想象。

如果你面临着大量难以控制的慢性压力，那么不应该让咖啡再给你增添更多的压力。如果你决定重置咖啡因耐受性，可以参考以下建议。

● **在平静中高效**　　　　　　　　　　　　　HOW TO CALM YOUR MIND

- **在下次感冒或者患上流感时，尝试进行重置。**

  这样，你的大脑会将戒断症状归因于你生病了而不是正在进行的咖啡因戒除，因为两者有很多类似症状，如身体发冷、虚弱和乏力。另外，建议你在周末或者周五开始重置，这样你可以在最开始的能量低潮期稍微放松一下。

- **可以直接戒断咖啡因，也可以逐渐减少摄入量。**

  直接戒断就是把你通常摄入的咖啡因量直接降到零。你也可以逐渐减少摄入量，通过慢慢用脱因或低因的咖啡或茶替代你平时的咖啡因饮品。

- **在咖啡因耐受性重置期间，尤其是在第一周，一定要通过增加运动量、休息时间、饮水量和睡眠时间来调节你的能量水平。**

  这有助于弥补因缺乏咖啡因导致的能量减少。或者，如果你好奇的话，可以维持以前的日常生活习惯，然后观察你对咖啡因的依赖程度到底有多大。

- **要警惕隐藏的咖啡因来源。**

    许多软饮料都含有咖啡因，例如，一罐健怡可乐（约335ml）含有46毫克的咖啡因，这已经相当于某些浓缩咖啡的含量了。即使是脱因的咖啡也可能含有咖啡因。举例来说，一杯星巴克的脱因咖啡可能含有高达30毫克的咖啡因。如果你选择喝脱因咖啡，确保它是采用瑞士水法脱咖啡因的，这种方法几乎可以完全去除咖啡因。

- **如果重置过程让你苦不堪言、坚持不了，可以考虑增加摄入含有L-茶氨酸的咖啡因饮品。**

    L-茶氨酸是一种在茶叶中发现的氨基酸，它可以显著减少身体对咖啡因的反应，即减少肾上腺素和皮质醇的产生。因此，你会感到压力反应减少。研究证明，L-茶氨酸能提高专注力，同时降低焦虑感，这就是为什么我特别推荐将绿茶作为咖啡因的摄入来源。不仅如此，茶叶中的L-茶氨酸还能引起微量的多巴胺释放，这一效应不受茶叶是否含咖啡因的影响。因此，茶叶是咖啡的绝佳替代品，这样你仍然能够享受摄入咖啡因的益处，但又不会产生过度的压力反应。

理想情况下，咖啡因可以使我们精力充沛、感到快乐并集中注意力于一件事情。然而，在最糟糕的状态下，咖啡因会使我们感到焦虑，通常在我们没有意识到的情况下给我们的生活带来不必要的压力。重置咖啡因耐受性的实验可能会帮助你分辨自己目前处于哪种情况。

如果实验结束后，你并未感到更加平静，那么完全可以恢复原来的生活方式。但如果你和我以及许多其他人有相似的体验，那么你可能会对自己所获得的能量和达到的深度平静状态感到惊喜。

戒酒

酒精可以算是一种常常被过量摄入的成分。喝酒也会扰乱我们神经递质的平衡。

HOW TO
Calm Your
Mind
科学实证

根据 2019 年由美国国家防止酒精滥用与酒精中毒研究所（NIAAA）进行的一项最新调查，约 54.9% 的 18 岁以上的美国人在过去一个月里至少饮过一次酒。虽然这个频率并不算高，但有 25.8% 的 18 岁以上的美国人在过去的一个月里有过狂饮[①]行为。令人吃惊的是，饮酒在美国可预防的死亡原因中名列前茅，仅次于吸烟、不良饮食和体育锻炼不足。

几年前，我还属于过度饮酒群体中的一员。虽然我一周一般只会喝一两次酒，每次开始喝时，我通常只喝两杯。但是两杯下肚后，我还会再喝第三杯，第三杯见底后……我想你已经明白我的意思了。对我来说，每次喝酒就像身处陡坡，一旦下滑就难以控制。同时，饮酒也是一种暂时逃避问题和压力的手段。然而，在饮酒后的次日早晨，我通常会带着些许宿醉醒来，感到焦虑，充满恐惧。这种酒后现象太过常见，甚至有了一个专门的名称"宿醉焦虑"（hangxiety）。

NIAAA 所长乔治·库布（George Koob）总结："我认为宿醉在某种程度上，可以看作对酒精的小型戒断，而焦虑就是其中的一种症状。"

---

① 狂饮是指使血液中酒精含量达到 0.08g/dL 或更高的饮酒习惯。据 NIAAA 的定义，狂饮通常指女性在约两个小时内喝下 4 杯及以上酒精饮料，男性在约两个小时内喝下 5 杯及以上酒精饮料。

深入了解酒精如何影响我们的大脑之后，这一点就不难解释了。研究显示，酒精可以同时影响多种神经递质的产生。饮酒时，我们会感到兴奋、快乐和放松。但是问题在于，在短暂的兴奋、快乐和放松后，我们会从这些美好的感觉中迅速坠落。

首先，酒精会促使大脑分泌大量多巴胺，带给我们强烈的快感。这就解释了为什么我们在喝完第一杯酒后，很快就会想要再喝一杯。然而重点在于，随后的酒精戒断会减少多巴胺的分泌。饮酒时也会产生血清素，因此酒精效果尚未消退时我们会感到愉快。然而，戒断阶段也会抑制血清素的分泌（至少一项在老鼠身上进行的实验证明了这一结果）。酒精还会影响我们大脑中的 γ - 氨基丁酸（GABA）水平。γ - 氨基丁酸是一种神经递质，能使我们感到放松。然而，尽管适量的酒精可以增加 γ - 氨基丁酸的活动，但大量饮酒会暂时降低其在大脑中的水平。这将导致我们感觉不再那么放松，反而变得更加紧张，甚至会产生恐慌感。

如果没有醉酒后的反应，那么饮酒就是一件无须斟酌的事情。遗憾的是，起初的愉悦感和松弛感总是不可避免地演变成戒断反应，更别提这些感觉消退后的情形了。如果你和我一样，发现酒精会加重你的焦虑情绪，甚至在次日早晨也无法恢复，那么或许你应该减少饮酒，甚至完全戒掉。如果你发现自己对酒精产生依赖，并且出现严重的戒断反应，一定要寻求医疗帮助。

我现在的饮酒原则非常简单：只有当饮品本身具有特殊之处，比如一杯精制的苏格兰威士忌，或者是餐厅提供的一种看起来非常特别的饮品，或者饮酒是某种快乐仪式的一部分，例如参加家庭葡萄酒品鉴活动，或者为庆祝我妻子的某项成就时，我才会选择饮酒。

酒精可能会让你在当时感到快乐、放松并充满活力。然而，当时的快乐、放松和充满活力只不过是从次日清晨那里预支的罢了。

饮食

"平静"是一个非常宏大的主题，写这样一本书最大的挑战就是，如果从更宏观的视角看，我们所做的几乎一切都会影响平静感。这就是为什么本章是这本书中最长的一章。我们参与的每一项活动都会释放由若干神经递质组成的不同混合物。除了我已经提到的影响平静的因素，如花更多的时间参与现实世界的活动、积极运动、与人共处、冥想以及建立与咖啡因和酒精间更健康的关系，我们还应关注另一个因素，也是最后一个值得讨论的因素，即我们所摄取的食物。

和食物有关的压力对我们的身体有两种影响。一方面，压力会让我们吃得更多；另一方面，压力又诱使我们选择不健康的食物。通过管理慢性压力，并利用平静策略应对其他压力，我们不仅能更加全身心地投入生活，减少倦怠的可能性，还能有效控制脂肪的堆积。

我们的身体在应对压力时会储存脂肪。具体的解释是，当你遇到压力事件时，你的身体会充斥皮质醇，也就是压力激素。而皮质醇的涌入会促使身体释放大量的葡萄糖（即能量之源），以便你有足够的能量去应对压力。

在人类历史的大多数时期，我们都能有效地利用这些葡萄糖。那是因为我们面临的是实实在在的真实威胁，需要我们或战或逃。那时，我们的身体也会消耗压力带来的葡萄糖。

如今，随着慢性压力在我们体内如同高压气缸般积累，我们的血糖水平也会随之升高。当我们无法消耗这些葡萄糖时，我们的血糖水平和胰岛素水平也会相应上升。胰岛素是一种将葡萄糖转化为身体所需能量的激素。随着血糖和胰岛素水平的升高，我们的身体会分泌出一种名为胃饥饿素的成分，导致我们吃得更多，使得体重增加。

压力引发了一连串的连锁反应，它就像是一连串导致我们过度进食和储存更多体脂的多米诺骨牌中的第一张。随着时间的流逝，持久的高压以及高葡萄糖和胰岛素水平，不仅会导致我们体重增加，还可能使我们逐渐产生胰岛素抵抗或患上糖尿病。焦虑、抑郁和失眠也与胰岛素过度分泌有关。

如果你有一些顽固的体脂无法消除，特别是如果这些脂肪集中在你的腹部，而且无论你的饮食有多么健康或你的运动量有多大，那么慢性压力可能就是导致这一切的问题的原因。①

不论你在压力大的情况下食欲如何改变，你的饮食选择都可能会有所变动。在压力较高的时期，研究显示我们更倾向于食用"安慰食物"，如巧克力、咸味零食和烘焙食品等，而较少选择健康食物，如水果、蔬菜和未过度加工的肉类。当我们在压力下感到忧郁时，我们往往会选择更油腻和更甜的食物，这些食物被研究者称为"奖励性食物"。

这可能会形成恶性压力循环，特别是考虑到精炼糖、低纤维食物和精炼谷物会像咖啡因一样提高我们的皮质醇水平。

好在对我们来说，这种压力水平与食物之间的关系是双向的。压力影响

---

① 并不是所有人都在面对压力时会增加进食量。在压力时期，40% 的人倾向于多吃一些，20% 的人食量大约不变，还有 40% 的人会吃得更少。那些原本就稍微超重的人可能吃得更多，这可能是因为，有研究发现腹部脂肪本身就能分泌压力激素。

我们吃什么以及吃多少，但我们吃的食物也会影响我们感受到的压力程度。

我们完全有可能通过调整饮食来降低身体的压力反应。复杂碳水化合物如全谷物、水果、蔬菜、坚果、种子和豆类，都具有显著降低皮质醇水平的作用，同时可以增加我们体内的血清素的产生。《养心术：冷静的化学因子》（*Chemistry of Calm*）一书的作者亨利·埃蒙斯（Henry Emmons）指出，糖和精炼碳水化合物除了会引起皮质醇的释放，还可能导致恶性循环。这是因为它们会对参与糖分解的激素以及细胞产生压力，进一步破坏产生能量的能力，并刺激肾上腺持续分泌皮质醇。

这一切意味着什么呢？从本质上看，那些能缓解我们压力的食物有一个共同特征：它们都是营养丰富的食品，而不是在工厂大规模生产或高度加工的食品。我们消化更天然的复杂碳水化合物的速度更慢，因此我们的血糖水平就不会骤然升高。通过食用直接从大自然中生长出来的食物，我们就能和祖先在 20 万年前所做的一样，获得更大的内心平静。

如果你发现自己非常渴望吃大量超加工食品，这可能是一个明显的信号，表明你还有一些慢性压力需要去管理。

从简单的改变开始

当生活方式符合生物学规律时，我们会逐渐获得更大的平静感。要让生活和行为方式与生物本能相协调，我们可能需要做许多事情，包括避免过度的数字化刺激、在日常生活中多运动、花时间与那些能让我们精力充沛的人在一起、练习冥想以及食用那些消化速度较慢且能够为我们的身体提供持久能量的食物。

在这一章中，我提出了很多想法和建议，如果你试图一次性做出所有这些改变，可能会有些力不从心。只需要从一两个简单易行的建议开始，或者选择你最想改变的一两个部分。然后，一旦你发现哪些习惯适合你并让你感到平静，就在这些习惯的基础上进行扩展或深化，同时丢弃那些不适合你的习惯。

对你来说，最有效的技巧可能会出人意料，至少我是这样感觉的。当我开始少吃加工食品时，我意外地在追求内心平静的道路上取得了最具意义的进展。作为一个热衷美味外卖的人，健康的饮食对我内心平静感的影响既令我惊讶，又像是一次示警。在我的印象中有相当长的一段时间，食物既是我在美好时光的享受，也是我在糟糕时刻用来麻痹不安情绪的避难所。我们大多数人都有这样的"避难所"，用来逃避不舒服的感觉。但这些避难所实际上只是自我施加的压力源，让我们从其他压力上转移注意力。这些避难所形式各异，可能包括暴饮暴食（它过去常常是我的首选形式）、冲动购物、咖啡成瘾、玩电子游戏（包括像"地铁跑酷"这样的简单游戏）或者沉浸在社交软件等数字化干扰中，用一种压力去替代另一种压力。

这些活动中的一部分可以成为我们快乐的源泉，可以有意选择。偶尔享受一次"多巴胺之夜"，沉浸在我们最爱的多巴胺活动中，这也无可厚非。但是，我们需要记住，用这些习惯来逃避压力和负面情绪之后，我们将不得不再次面对等待我们的压力。而更让人担忧的是，这些习惯可能会进一步加剧我们所承受的压力。

如果你发现自己经常无意识地纵容自己，要意识到是什么触发了你的冲动。触发因素可能包括特定的人、特定的情绪（如无聊、孤独或嫉妒），一天中的某个时间段或某个先行行为。对我来说，无意识的暴食行为几乎总是在我因工作相关的事情感到压力巨大时发生，这让我更加渴望不健康的食物，并试图通过进食来逃避。在整个过程中，也要注意你的自我暗示，务必对那些不友善或不真实的自我认识提出疑问。

如果你把一个精致的水晶玻璃杯放在冰箱里冷冻一个星期，然后倒入滚烫的水，这个杯子很可能会爆炸。同样，如果我们总在剧烈的压力和强烈的放纵之间交替，也可能会产生同样的后果。

不过，随着你逐渐尝试本章提到的方法，你会发现自己的精力在逐步提升。其中有些习惯甚至可能成为你的"关键习惯"。关键习惯就像是多米诺骨牌中的第一块，能够引起连锁反应。例如，我发现冥想是一种降低我刺激程度的快捷方式，让我减少分心，从而有更多时间进行锻炼和阅读，也让我感到更加平静。你也可能会发现，像进行有氧运动、阅读非虚构作品、用绿茶替代咖啡、坚持固定的睡前仪式等习惯，都具有类似的效果。

习惯从来都不是孤立存在的，它们之间有着千丝万缕的联系。

注意那些使你平静的习惯，那些你一直以来在数字世界中忘记的活动。你的生活需要更多这样的活动。

通过下一章的讨论，你会看到追求平静能为我们赢得多少时间。

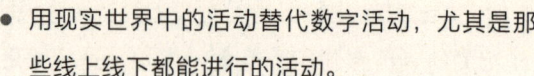

平静 TIPS

- 用现实世界中的活动替代数字活动，尤其是那些线上线下都能进行的活动。
- 如果你能在专注呼吸的过程中保持平静，你基本上能在做任何事情时都保持这样的平静状态。
- 相比数字社交，面对面交流产生的平静感更强。
- 运动、冥想、减少摄入咖啡因，你会获得强劲持久的能量。

在忙乱的世界找回平静

HOW TO
Calm Your
Mind

FINDING PRESENCE AND PRODUCTIVITY
IN ANXIOUS TIMES

第 三 部 分

让平静成为一种能力

平静不仅可以帮助你

产生更大的影响力，

同时也让你有能力

认识到你已经在产生影响。

HOW TO
Calm Your Mind

FINDING PRESENCE AND PRODUCTIVITY
IN ANXIOUS TIMES

第 7 章

平静和效率

成功的标志是一个人能在河边度过一整天也不感到内疚。

——佚名

如果非得让我说一件我独有的、别人可能无法忍受的爱好（除阅读学术期刊文章外），那就是组装家具，这个过程能带给我深深的满足感。仔细按照说明书的步骤，看着一个抽屉或者柜子在我眼前慢慢成形，这种感觉令我无比愉悦。过程虽然简单，但并不需要过多的思考，到最后，你得到的是一件你看得见、摸得着、用得上的实物。这个过程的反馈是即时的，你离完工越近，能看到的家具就越完整。而且与我日常的工作不同，这项活动具有强烈的触觉特性（操作机械键盘除外）。

在踏上追求平静之旅后不久，我和妻子正好从宜家订购了一些餐厅椅子。不巧的是，这些椅子在周中送达，而我必须在周末出差。作为家里的"首席家具组装官"，我根本抵挡不了拥有新椅子和组装新家具的双重诱惑，于是我决定在午饭后立刻开始组装。那天下午的工作量很少，而且早上我已经完成了不少工作。此外，我预计自己能在几小时内完成，这样做也可以愉快地打破一下常规，同时让我的神经放松一下。

我确实准确预测了一件事：组装椅子只需要几个小时。但我完全没料到，组装过程完全没有我预期的那么愉快。别误解我的意思，实际的组装过程依然像以往一样令人满足。然而，我在开始这个活动时并没有预料到，我会因为暂时放下工作而产生如此强烈的负罪感。

我一坐在 6 个包装盒旁边就立刻开始考虑我的时间成本和机会成本，思索我还能做哪些"更有价值"的事情，比如我有文章可以写，有演讲可以准备，还有咨询客户需要帮助。除此之外，我暂时放下所谓的超级刺激源引发的罪恶感如影随形。未读邮件堆积如山，一堆社交媒体的消息未回复，还有一些业务指标我还未查看。我感到的不仅仅是焦虑和不安，在那一刻，我甚至觉得自己在做完全错误的事情，这导致我心中充满了怀疑和负面的自我评价。

回顾这次小小的负罪感事件，有几种情绪引起了我的注意。首先是我在组装椅子过程中的不安，这种不安比我一天中其他时间的刺激程度要低。另一个是我从成就心态中脱离出来的负罪感，如果我是在周末或者工作之余组装这些椅子，我可能会更享受这个过程。同样的任务，不同的视角。

我也没能全心投入这项活动，导致我根本没有得到"充电"和休息。我还记得我犯下的所有错误，有一次我在 6 把椅子上犯了一个同样的错误，导致我不得不倒退几步，使得整个过程花费的时间更长了。

由于我在那时候几乎没有花时间去研究过平静，所以这个任务花费的时间比预期的要长。焦虑影响了我的注意力、专注力和对活动的享受度，而倦怠可能也是导致我无法专注于这个活动的原因。这些情绪限制了我的生产力。

让我们一起深入探讨一个我个人觉得非常吸引人的问题，这个问题能让你在寻求平静时进行一些思考：

如何通过保持平静来提高效率？

合适的效率提升建议确实能帮助我们节省时间，并且完成更多我们想要做的事情。但是，这些建议往往忽视了提高效率的关键环节。大部分的效率提升建议都集中在我们如何能做更多事情上。然而，如果过度关注这一点，我们可能会忽略思考为何我们的完成量会低于实际能做到的程度。我们必须找出阻碍我们提升效率的因素。

假设你的目标是在工作中变得尽可能高效，那么你应该关注两方面的建议。

第一类建议是你应该专注于能让你更聪明、更有目的地工作，并专注于重要事项的策略。这些建议之所以不错，是因为它们产生的效果立竿见影。像做周计划、列待办事项清单和拒绝不重要的工作等策略，都是从一开始就有用的技巧。当你注意到它们有效时，你更愿意坚持下去。

第二类建议是要注意那些无意中限制你表现的因素。这需要你不仅关注如何做更多的事，也要了解为何实际完成的工作量少于你本来能完成的工作量。以下是本书中总结过的一些导致工作效率低下的陷阱，看看你中了几条？

你是否陷入了低效工作的陷阱？

☐ 对眼前的事物失去兴趣（因为长期面对慢性压力而产生倦怠）。

☐ 大部分时间都花在数字世界，变得越来越拖延和浪费时间（因为处理重要的事情意味着要从高刺激状态转向低刺激状态）。

☐ 总是想要追求"更多"，开始分心（过度依赖多巴胺，导致专注力降低）。

☐ 神经总是紧绷，变得不安（长时间盯着屏幕会带来更多隐藏的慢性压力来源）。

☐ 时常怀疑自己，做事分不清重点（焦虑的自我对话会干扰判断力，无法专注于更重要的事情）。

☐ 总想同时做好几件事，却一件都做不好（思考时间的机会成本会导致无法沉浸在当下）。

以上状态是无法通过快速提高效率的策略来改善的。如果不加以控制，它们可能导致我们变得更不平静、更焦虑以及效率的持续下降。

焦虑降低效率

考虑到焦虑与效率的关系，我们再来精确计算一下：

处在焦虑状态下，我们会少完成多少工作？

考虑到我刚提到的所有原因，这本书既是关于平静的，也是关于效率的。前文提到的第一类效率建议非常吸引人，它们能让我们完成更多工作，尤其是在刚开始的时候。但如果我们过度依赖这类建议，忽视了解决能量不足的问题，我们可能会比想象中的低效。随着时间的推移，如果毫不在意我们在精神、情绪甚至心理上的剩余能量，这个问题会更严重。

如果你想知道焦虑会在多大程度上影响认知表现，你甚至不需要听我怎么说，因为生活中有很多例子都可以说明这个现象。例如，回想一下你上一次在一群人面前紧张地发表演讲时的情况。你可能对此感到畏惧，毕竟我们对在公众前演讲的恐惧不一定比对死亡的恐惧小。

回想一下你在演讲之前的心理状态：

- 你能轻易地集中注意力吗，还是你的大脑用负面的自我对话劫持了你的注意力？
- 登台演讲前，你是一直惴惴不安地担心自己的演讲内容还是能从容处理别的事？比如平静地与周围的人对话，甚至全神贯注地校对一份文稿。
- 开始演讲之后，你能完全理解自己讲的每一句话吗？
- 演讲过后，你还能记得自己说过什么吗？

也许你从未在一大群人面前演讲过，或者你已身经百战，早就摆脱了这些焦虑的思绪。如果是这样的话，再想想你上一次坐飞机经历气流颠簸时的情况。如果你当时在读一本书，你是否不得不反复阅读同一段文字？如果你当时在听播客或看电影，你是否需要回放或者尝试在脑海中回忆你错过的部分？

这些都是焦虑影响认知表现的实例。如果你有焦虑的感觉，即便是轻微的焦虑感，它也很可能以你尚未认识到的方式制约着你的效率。在处理日常任务时，你的思维很可能不会像在发表演讲、经历飞机颠簸或在百货商店找不到孩子时"宕机"。但是，这些极端情况很好地说明了焦虑如何在我们未察觉的情况下影响我们的注意力和效率。

更糟糕的是，焦虑可能会使我们意识不到工作表现正在下滑，因为焦虑本身就需要极大的注意力。

焦虑损害认知能力

我喜欢将我们的工作记忆称为"注意力空间"，这是一个容量有限的记忆系统，支持我们进行几乎所有的认知活动。它也是我们的短时记忆，让我们在处理和思考问题的时候，能够将信息储存在大脑中。我们可以使用的工作记忆容量越大，我们的思考就越能深入，能够一次性处理的信息就越多，我们的工作表现也就越好。更大的工作记忆容量还为我们提供了更强的反思能力。我们的工作记忆通过提高计划、理解、推理、解决问题和其他关键功能，几乎在所有方面都有助于我们提高认知表现。

长期以来，研究人员一直知道焦虑程度和效率呈负相关关系，这种关系已经被深入研究了很多年。研究人员蒂姆·莫兰（Tim Moran）进行的一项元分析[①]总结道："认知缺陷现在被广泛认为是焦虑的一个重要组成部分。"

焦虑已经被证实会以多种方式阻碍我们的认知表现。焦虑与阅读理解和数学问题解决能力较差、标准化测试得分较低，以及成就感较低这些情况存在强关联关系。

这项研究指出了这些表现下降的一个共同因素：认知能力下降。焦虑在认知方面很消耗资源，它会让我们的思考能力减弱。尽管各项研究对于焦虑具体会缩小多少工作记忆容量存在一些矛盾，但是莫兰的研究发现，焦虑可以减少大约 16.5% 的工作记忆容量。

这听起来可能是一个小数字，但实际上，这样轻微的减少会产生深远的影响，更不用说这只是焦虑影响我们认知能力的一个方面。工作记忆容量的缩小意味着我们在每时时刻都会处理更少的信息。这限制了我们在思考、综合观点、连接信息和理解眼前世界时的能力。虽然我们可能不会像遭遇飞机颠簸时那样受影响，但实际情况也已经非常接近了。

焦虑缩小了我们获得成就的能力，占用了宝贵的注意力，同时让我们在生活中变得更难全身心投入。

[①] 元分析（Meta-analysis）是一种统计分析方法，用于将多个研究的结果进行量化合并，从而得到一个综合的结果。元分析可以帮助人们更好地理解不同研究之间的差异，提供对特定问题的更深入理解，并为未来的研究提供方向。在心理学、医学、教育学等多个领域，元分析被广泛应用于综合证据和比较研究结果。——译者注

显然，工作越需要脑力的人，他就越容易受到焦虑的影响。相反，如果一个人的工作主要是重复性的、不太消耗精力的任务，或者很少涉及与他人的交往，那么焦虑可能就不太会影响他的工作表现。

但你很有可能属于前者。现代社会中的很大一部分人都是从事知识型工作的，这些工作基本上是我们用头脑而不是双手来完成的。

如果你从事的是知识型工作，那么更强大的工作记忆容量将会给你带来巨大的帮助。再次强调，这并不只是我的个人看法，试着回想一下那些你心境格外平静、没有被焦虑情绪扰乱的时刻，如在和朋友们长途徒步的次日，或者在一次彻底放松的假期后，你是否能更清晰地思考，而不受到焦虑思绪的干扰呢？你是不是能更深入地沉浸在手头的工作中？你是不是有更多的创新想法，感觉与周围的人越发紧密相连，并且觉得自己有源源不断的精力，完全有能力做好工作，过上美好的生活呢？

哪怕是一点点的注意力空间也能够产生巨大的影响。

为了更深入地理解焦虑如何影响我们的认知能力，我联系了莫兰，想了解自从他在 2016 年发表了被广泛引用的元分析方法之后，他的研究有何新的进展。事实证明，一些数据并没有太大改变。然而，在我们的讨论中，他提出了一个我觉得非常有趣的观点：除了工作记忆之外，焦虑似乎与一些影响我们整体认知表现的因素有关。他说："焦虑之所以与许多实验室任务和现实生活中的表现有关，是因为它影响了我们更高级的通用能力，如对注意力的控制或在面对冲突信息时维持注意力的能力。"

换个说法，焦虑不仅缩小了我们的工作记忆容量，它实际上还缩小了我们的思维范围。无论我们从事什么职业，都必须找回这种失去的能力。

莫兰的这种观点并非空穴来风，而是源自他对数千篇关于焦虑和认知表现的论文的深入研读。而新的研究也支持了他的观点，这些研究指出，焦虑不仅占用了我们宝贵的工作记忆容量，还减少了我们对注意力的控制，同时还使我们更加关注"与威胁相关的刺激"，包括那些从一开始就增加我们焦虑感的压力来源。

我们的工作和生活都需要我们尽可能发挥出全部的心智资源。然而，焦虑却剥夺了我们宝贵的心智资源，这些资源本可以用来提升我们的效率，丰富我们的生活。

正是基于这个原因，花费时间和精力追寻内心的平静、减少焦虑感，可能会为我们节省比我们想象的更多的时间。因此，接下来，我们来仔细地算一算：

平静到底能为我们赚回多少时间？

追回失去的时间

我要再次强调，我们每个人的天赋不同，我们的生活方式和工作内容也有很大的不同。在此基础上，焦虑对我们每个人生理及个人表现的影响也不同。这在不同类型的任务中尤其明显。我们主要利用工作记忆来做两件事：处理和关联知识、处理视觉及听觉信息。根据焦虑表现的形式，你的认知能力会以不同的方式受到负面影响。

如果你在感到焦虑时，发现自己大部分时间都在关注那些让你感到不安

　　　　　　　　　　　　　　在忙乱的世界找回平静

或焦虑的想法，那么你工作记忆中的一般推理功能可能会受到极大的影响，你因此可能会发现自己难以进行逻辑思考。如果你发现自己在思考过去让你焦虑的事件，那么你工作记忆中的视觉空间部分可能会受到极大的影响，你可能会在视觉和空间工作上遇到困难。如果你发现消极的自我对话频繁出现，那么你工作记忆中的语言部分可能会受到极大的影响，你可能无法有效地沟通。

基于以上这些观点，我们尝试粗略估算一下平静能为我们节省多少时间。我们先做一个非常保守的假设，即焦虑只是通过减少我们工作记忆容量来限制我们的表现。我们也假设工作记忆容量与效率之间的关系是线性的。换句话说，每降低一个百分点的工作记忆容量，我们的日常生产力也将相应地减少一个百分点，并且因此完成同样的任务需要更多的时间。再次强调，鉴于我们对工作记忆容量的依赖，这很可能是一个保守的估计。

当我们的工作记忆容量缩小 16.5%，我们的工作时间就会相应延长。这比听起来的影响要大得多：如果我们有 8 小时的实际工作要做，现在可能需要大约 9.5 小时才能完成。

如果你发现随着自己的社交网络变得更广泛，你变得比以前更忙碌，但工作量却基本保持不变，那么其原因可能就是焦虑。鉴于工作量是引发倦怠的重要因素，这些多花出去的时间可能也会影响你对工作的投入程度。

焦虑不需要达到临床水平就可以影响我们的表现。焦虑造成的效率下降可能远远超过 16.5%，因为工作记忆容量缩小只是焦虑影响我们工作表现的其中一个维度。

平静可以带领我们实现诸多目标，包括更好地投入工作，而提高投入度是我们在工作中取得进展的重要途径。鉴于此，我们可以说，**在充满焦虑的时期，平静是提高效率的关键因素**。如果你认为效率很重要，那么数据已经给出了明确的答案：你绝对应该努力保持平静的状态。

别让负罪感绊住我们追求平静的脚步

如果你在追求平静的过程中出现负罪感，可能有以下两个原因。

一是感觉自己没有充分利用时间。当我们的工作缺乏深思熟虑的计划时，我们可能会开始担心自己的时间是否花在了值得的地方。

这种负罪感很好缓解，比如你可以试着让工作变得更有目标性。试试前文提到的第一类效率建议：**更聪明地工作而不是更勤奋地工作**。在每天的工作和生活中设定 3 个优先目标，和你的领导一起确定你最重要的任务是什么，或许还可以设定每小时的提醒（很多智能手表都有这个功能），帮你实时关注自己有没有偏离重点。你甚至还可以读一本有关效率的书。

二是我们的行为可能不符合自己的价值观。现代文化对于不活跃的状态持否定态度。如果我们接受了这种预设的价值观，即效率、成就和持续的进步几乎高于一切，那么当我们变得平静并不那么忙碌时，负罪感就会随之而来。毕竟，在那段时间里，我们并没有努力工作。

即使大多数人都在一定程度上重视工作效率，第二种负罪感也完全是没必要的，原因如下：

- 我们很容易忽视平静有助于我们实现目标这个事实。
- 我们在衡量自己的效率高低时出人意料地不准确。

平静偏见

还是以前文的数据为例，假设你有轻微的焦虑，那么 8 小时内完成的工作量需要大约 9.5 小时才能完成。这意味着，你可能经常需要加班，甚至在工作日晚上和节假日也需要工作，以防自己落后。长此以往，你可能会陷入负能量的恶性循环，积累了越来越多的慢性压力，对工作的享受程度也大打折扣。造成这个结果的原因是焦虑对工作表现的影响。

首先，焦虑会拖慢我们的思维速度，导致我们记住的和同时处理的事情变少。同时，焦虑会缩小我们的"注意力空间"，让我们更倾向于关注那些并不重要甚至具有威胁性的事情，包括负面的新闻报道以及我们头脑中的负面想法。

其次，焦虑使我们无法全神贯注，同时又让我们更容易感到倦怠。我们对超常刺激的渴望让我们处在刺激程度的高位，这远超过能令我们感觉平静的适宜水平，而大多数我们需要完成的任务都在较低的刺激程度。

鉴于焦虑会以多种方式限制我们的工作表现，就不难理解为什么一份只要 8 小时就能完成的工作却需要大约 9.5 小时才能完成。

根据我们在上一节中得出的数据，一旦将焦虑的所有影响因素考虑在内，那么这些数字可能会立刻变得更为保守。平静对打破效率壁垒的作用也更明显。我们甚至可以计算出一个"收支平衡点"，在这个点之后，再追求平静就不再划算了。如果将其他影响因素算在内，比如投入度降低、认知能力下降、刺激增多，自我对话增加以及对当前工作关注度的下降等，你每天在工作中还会额外消耗 25 分钟，这还不包括你已经损失的 1.5 小时。最终，因为焦虑导致的工作效率降低，我们总共损失了将近 2 小时的时间。

换一种方式来看，当我们做知识型工作时，我们每天可以花近 2 小时体验平静，并且不用考虑我们是否变得效率更低了。

毋庸置疑，你并不需要花费大量时间来提升你每日的平静感。无论是对抗慢性压力，还是练习专注于当下，或是掌控超级刺激，本书中的大部分方法都十分省时，你可能都不需要花额外的时间。比如，刺激戒断这样的方法从一开始就能为你节省不少时间。几乎所有需要投入时间的方法都已经包含在第 6 章内容中了。

所有关于焦虑的讨论留下的启示其实很简单：**如果你看重工作效率，就必须努力克服焦虑并寻求内心的平静。投入时间和精力去追求平静，你就能提升工作效率。**

你更无须因投入时间寻求平静而感到内疚，哪怕你可能会想着有许多其他"更有效率"的事情可以做。反过来说，你应该因为没有投入时间去寻求平静而感到内疚，因为平静能够提高你的效率。

坦诚地说，即便你明白这些策略能提高你的效率，但开始真正投入时间去实施时，你可能还是会感到内疚，我就有过这样的经历。当负罪感升起时，提醒自己追求平静实际上在提高效率。然后借此机会，梳理一下生活中依然存在的其他负罪感。

这同时也是一个思考如何衡量工作效率的重要机会。

忙碌偏好

我们很难准确衡量自己的工作效率。一般来说，工作越需要认知能力，衡量工作效率就越困难。当我们的工作需要脑力处理复杂性任务时，我们利用时间、注意力和精力所产出的结果通常也是同样复杂的。

回想一下大部分人在工厂生产线工作的时代，那时的工作简单且重复性强，每天结束时衡量工作效率的方法简单明了。一天内制造出的产品越多，效率就越高。在 8 小时的工作时间中，如果一个人制造出 8 个产品而不是 4 个，那么他的效率就提高了一倍。产量和个人效率之间存在直接的关系。

在知识型工作中，产出数量不再决定效率的高低。

如果你要写一份 1 600 字的报告，你可能觉得你的效率是写一份 400 字报告的 4 倍。但是，如果那份 400 字的报告在你的公司产生了更大的改变呢？如果它传达的信息更多，同时还节省了每个人的时间呢？

如果你按照传统方式来衡量你的工作，可能那份花费更多努力或者花费更长时间的报告，而不是那份真正产生影响或最有用的报告让你感觉更高效。

这就是我们在谈论效率时产生的自我暗示。在某种程度上，我们仍然将产出或能量消耗与效率画等号，即使在知识型工作中，这三者之间的关系已经割裂了。

我们大多数人并不会特别关注应如何衡量自己的工作效率。但是，考虑到我们大部分时间都在工作，或者尽力去实现自己设定的目标而不是自我阻碍，思考如何衡量我们的工作效率显得尤为重要。

因此我们常常倾向于寻找明显的指标来评判一天的工作效率。我们通常会重视自己当天投入了多大的努力，付出了多少心血，是否一刻不停地去完成各项任务。如果我们忙得脚不沾地，那么内疚感便会消失。反之，如果我们回顾一天的活动时发现并没有那么忙碌，内疚感就会涌上心头，即便我们在这样一个相对轻松、有计划的日子里实际上完成的工作可能比在充满了各种刺激和分心的日子里完成的还要多。

关注自己工作的努力程度并不一定是坏事，但对于知识型工作者来说，这种衡量方式可能会妨碍我们获得充分的休息，或是在应该反思工作表现的时候过分投入工作。正如第 1 章中所讨论的，盲目的忙碌会带来慢性压力。

过度关注努力程度也会导致我们的创意减少。假设你是一个忙碌的高管，从外界看来，你在工作时间去公园散步可能看起来没有效率。但是，如果这样做为你提供了一个价值 10 亿美元的创意，这个创意对你公司的贡献比你回复 10 年的电子邮件还要重要，那么这是你时间价值最大化的体现。你可能会感觉效率低下，但你却能够在平静且精力充沛的状态下，找到一条可以做出更有实质性贡献的路径。同样，如果你是一名程序员，减少工作时间，多花些时间散散心并思考你正在处理的问题，可能会让你在总体上节省时间。或者，如果你是一名行政助理，降低刺激程度可能会让你感觉效率更低，但你可能会在更舒适的刺激程度下推进更多的项目。

一颗沉静的心会带来一种更加深思熟虑、更加高效的心态。如果你总觉得自己需要不断地"忙碌"，那么你可能忽视了更聪明地工作的重要机会，比如思考如何将部分工作自动化。

衡量效率的关键在于反思我们实际完成了多少工作。我们之所以会对平静感到愧疚，是因为当我们轻松时，产生的感觉是我们在退步，因此，我们必须时刻提醒自己，努力才会带来成果。由于我们常常用错误的指标来判断一天是否高效，比如我们付出了多大的努力，邮箱里剩下多少封未读邮件，或者我们感觉有多疲惫，所以我们很有必要向大脑提供明确的信息，让它了解我们花了时间，到底应该得到哪些成果。哪怕我们工作得十分卖力，邮箱里的新邮件早已回复完毕，自己也感到精疲力竭，也不一定意味着那些重要项目有了进展。

我们需要追踪我们所取得的所有成就，尤其是当我们变得更加冷静、不那么忙碌和更加高效时。[①]

如何保持平静又不内疚

大多数人都希望变得更高效、更有成就感。然而在实际情况中，我们的思维更常将忙碌程度和精力投入作为评判效率的标准，而非专注力和深思熟虑。幸好，我们可以通过一些方式改变这种状况。这样，我们就能更清晰地看到自己的成就，同时在追求内心的平静时减少内疚感。

克服这种内疚感需要我们反思自己的成就，以便我们能客观理性地看待自己的日常生活，而不是不假思索、评判性地看待自己。心理学中有一种叫

---

① 必须提一下，在职场环境中，你看起来越轻松，在别人看来你的效率也就越低。我们不擅长衡量自身的效率，而其他人也不擅长衡量我们的效率。正如法国诗人皮埃尔·勒韦迪（Pierre Reverdy）所说："世上没有爱情，只有爱的证明。"同样的道理也适用于效率。在理想的世界中，我们对工作表现的评估基于我们能完成多少任务。但在某些情况下，除了反思你的效率，你也有必要反思一下你"表现"出来的效率有多高。注意你的效率证明！

作"齐加尼克效应"（以心理学家布鲁马·齐加尼克的名字命名）的心理倾向，是指我们更倾向于记住自己未完成的任务，而不是我们已经完成的。比如，当下占据你整个内心的可能是那个还没收拾的杂乱的卧室衣柜，而不是过去你取得的那些丰硕的成果。

以下是我个人发现的一些应对内疚的实用技巧。

■ 在平静中高效　　　　　　　　　　　　　HOW TO CALM YOUR MIND

- **记录每日成就。**

  每天记下你完成的所有事情。这是我多次提到的策略，而且理由很充分：因为齐加尼克效应，我们很快就会忘记自己取得的小成就。在一天结束时看看你记录下来的项目，你会发现自己已完成的事情通常比你认为的要多。在你感觉自己某一天或某一周一事无成时，这个策略特别有帮助。

- **列一个长期的成就清单。**

  除了每日成就清单外，我的电脑上还保存了一个自 2012 年以来的文档，记录了我在生活和工作中完成的重要里程碑式事项以及完成的时间，包括各种周年纪念、完成的工作项目以及我在业务上达成的各项目标。每年都有大约 15 ～ 20 个重要事项或成就列在上面，我习惯在每个月初回顾这个清单，以此来激励自己前进。这个过程非常鼓舞人心。

- **如果你习惯列待办事项清单或使用任务管理器，那么在每天结束时划掉当天完成的工作。**

  在一天结束后，你会怎样处理你的待办事项清单呢？我猜你会像以前的我一样把纸质的清单揉成一团，或者直接删除数字任务管理器中的已完成任务。我强烈建议你在每天结束时回顾你已经划掉的所有事项。此外，不要害怕将你未计划完成的事项放进清单中。只为了能划掉一个事项而将它添加到清单中，这种感觉也挺棒。因为就算一项胜利是无意识完成的，并不意味着它没有发生。

- **每天结束时，花几分钟以写日志的形式回顾这一天过得怎样。**

  设定一个倒计时，在几分钟内回顾一天的进展，包括你完成了什么，你是否有目标地工作，哪些地方做得好，下次可以在哪些方面做得更好，包括如何更温和地对待自己。请记住，这个练习主要是反思自己在哪些地方做得好，而非自我责备。这是一个非常好的策略，可以在你结束高效率工作模式前实施。

这些方法或许能帮助你意识到，你的效率其实比你自己认为的要高，特别是当你不需要用忙碌的工作填满每一天时。另外，在实践这些方法时，请务必反思一下你在追求平静心态前后完成的工作数量有无变化。

平静是帮助我们达成目标的重要因素。在充满焦虑的环境中，如果我们能用平静坚定的态度对待工作，保持专注，抵抗分心，那我们就能提高效率。当我们的心态逐渐安定，接受的刺激程度逐渐降低时，专注将变得毫不费力。我们沉浸当下的同时，可以从倦怠中振作起来，更多地参与每一件事。我们将更享受工作和生活，同时完成更多有意义的事情。

如果我们能够全心全意投入于我们想要完成的任务，把我们所有的时间、注意力和能量都倾注在这些活动上，那我们其实根本不需要担心效率的变化。即便你并不是一个易焦虑的人，追求平静也是非常值得的。平静所培养的专注力绝对值得我们投入时间，尤其是考虑到专注是提高生产力的一个关键因素。

归根结底，高效只是平静带来的众多好处中的一个。平静本身就是一个令人向往的目标。我们会因此变得越来越平和，对自己的生活和周围的世界感到更加自在。我们可以轻松地舒一口气，放松肩膀，与生活相伴。我们沉浸在每一个瞬间，或是享受当下，或是专注于眼前的任务，取得实实在在的进展。

当你降低了周围环境中的刺激程度并能更轻松地集中注意力时，你会因为能够完成更多的事项而感到心满意足。但是，成功远离那些并不能使你真正快乐的多巴胺刺激，才是真正的回报，因为从长远来看，你会更享受生活，而不是在多巴胺刺激的干扰之下频繁切换状态。

如果你曾经经历倦怠或者接近这种状态，你会知道无论你的生活在外人看来多么美满，这种状态都让人感到痛苦与委屈，具有很大的毁灭性。培养一种能够专注于工作的能力，让你远离精疲力竭、愤世嫉俗、效率低下的倦怠感，这或许就是最大的回报。

平静不仅可以帮助你产生更大的影响力，同时也让你有能力认识到你已经在产生影响。

平静 TIPS

- 保持平静不是在浪费时间，而是在追加失去的时间。
- 更聪明地工作而不是更勤奋地工作。
- 用实际完成多少工作而不是努力程度来衡量自己工作的效率。

HOW TO
Calm Your Mind

FINDING PRESENCE AND PRODUCTIVITY
IN ANXIOUS TIMES

第 8 章

对平静的投入越多，
当下的幸福感越强

我们需要的所有快乐就在眼前。

——佚名

在那次演讲恐慌事件过去近两年之后，我终于迎来了生活中的曙光。

在那段时间里，我尝试了许多方法寻找内心的平静，不管是收录进这本书的策略，还是效果并不理想的方法，我都试过，其中就包括接受心理治疗。当我对人们说起我正在培养自己保持平静的能力时，他们都很好奇心理治疗对此有没有帮助。

心理治疗虽然是一个很好的方式，可以帮助我发现自己为什么会有现在的思维方式。但是，它并没有像一些更实用的策略如刺激戒断或处理可预防压力那样，带给我更多的平静。当然，每个人的情况可能不同：如果你像我一样充满好奇，如果预算允许，我强烈推荐你去找心理咨询师聊聊。你肯

在忙乱的世界找回平静

定会学到一些有关思维方式的新认知。并且如果你认为你的焦虑已经非常严重，无论尝试什么策略都无法消除，那么接受治疗可能会比较有用。

坦白说，我们很难迅速找到解决焦虑的方法，短期内我们能做的只是缓解焦虑，将注意力从焦虑上转移开。想要深入问题的核心，探寻我们一开始为何会感到不安的根源，这需要我们付出更大的努力，弄清楚是哪些因素让我们变得焦虑。这需要我们彻底调整自己的生活习惯。

当然，这些深层次的改变可能会很困难，但它们带来的回报通常是值得的。我们处理了引发焦虑的根源后，能更真实地生活，更积极展现自己的价值，更自在地面对自我。这些改变带来的效果可以很直观，比如我们不再对退出 Instagram 感到困难，或者更好的是，我们开始渴望减少在充满压力的社交媒体上的时间。这些效果还可能带来更深远的影响。例如，我们可能会发现，在转行到压力更小、更易于管理的工作后，我们不再感到精疲力竭、冷漠和低效，反而心情更舒畅，精神更充沛。

无论你至今为止做了什么改变，我希望你能了解，投资平静是值得的。即使是那些需要投入时间的平静策略，比如烹饪健康美味的晚餐，寻找深度享受的运动方式，或者与好朋友共度时光，都有价值。

在这本书中，我分享了很多建议，旨在帮助你在这个焦虑过度的世界中找回内心的笃定。无论你是想克服焦虑感，还是希望在生活中寻找到更多的意义，或者只是想更舒适地享受每一刻，这些建议都应该能帮到你。如果你打算用这些建议来获取更多的空闲时间、满足感或者提高专注力，同样也大有裨益。你还可以应用书中的建议来提高你的效率和创造力。平静给工作和生活提供了坚实的基础，而专注力就是提高效率的关键。

临近尾声，我最后想鼓励你做的是，尽可能地去尝试本书中的各种策略。不是所有的策略都适合你，但通过尝试一系列经过验证的可靠策略，你可以看到哪些策略适合你，以及你最喜欢的是什么。如果说我在追求平静的过程中有什么收获，那就是我认识到，平静因人而异。每个人都是独一无二的，我们的生活方式不同，习惯、工作、认知和价值观也各不相同。因此，我鼓励你采纳对你有用的建议，其他的尽管舍弃。这不仅适用于阅读本书，也适用于阅读其他非虚构类书籍。

再帮你总结一下你可以尝试的方法：

- 尽量多在自然环境中活动。
- 练习冥想，这是一种提升你做每件事情时的存在感的方法。
- 创建个性化的品味清单，每天挑一件来品味。
- 盘点生活中的压力，找出你可以轻易应对的压力来源。
- 确定效率时间，这样你可以在每天努力前进和享受片刻之间保持平衡。
- 进行一个月的刺激戒断，以便轻松地专注于当下并使你的心灵恢复平静。
- 找到更多生活的意义，如幸福、活在当下的感觉，以及与他人共度的时间，而不是只关注金钱或地位。
- 养成那些在现实世界中使你的身体释放血清素、催产素和内啡肽，以及适量多巴胺的习惯。
- 关注并审视你在投入平静时产生的内疚感，必要时可以去看心理医生。

从这个清单里选择一两项开始尝试，待你尝试过一两项后，再制订详细计划。每周预留几个小时专门用于参与现实世界的活动，或者尝试一些现实世界里的全新爱好，例如参加即兴表演课程、烹饪、学习乐器或编织。订阅一份纸质报纸，同时暂停阅读线上新闻。重拾游戏，或者每完成一个重大的工作项目后，犒劳自己一个小时的按摩。减少饮酒，或者重置你的咖啡因耐受度。你还可以用一支精致的钢笔给你的亲人写写信。

我相信你会发现，寻求内心的平静本身就是一种值得的追求。尝试你能尝试的所有方法，小到生活中的微调，大到彻底的改变，都会让你找到真正适应你的个性和生活的有效策略，而这样做也会让平静变得可持续。

对拥有的一切心存感激

有人说，我们需要的所有快乐就在眼前。但是当贪多心态横亘在我们面前时，这句话怎么看都觉得不成立。贪多心态传达了一个完全相反的感受，这种心态总让我们觉得，幸福总是离我们稍微有点远，总在我们目前所拥有、所完成、和我们现在的状态之外。我们常常认为，只要赚到更多的钱，变得更加高效，或者更健康一些，我们就会觉得自己舒适满足。然后，在那个时刻（只有在那个时刻），我们才会相信自己有足够的时间和精力去享受自己取得的成果。

我们其实只是在不断地把目标推得更远一点，总是在我们触手可及的距离之外，并且永远不会停止。

有一个简单的道理：无论你拥有多少，舒适、平静和快乐都源自品味你生活中已拥有的一切，而不是一味试图得到你还没有的东西。培养这种心态需要练习和耐心，并且当你在平静的习惯上花更多的时间，这种转变就会逐渐发生。在我看来，这种付出是非常值得的。

在我踏上平静之旅之前，我总觉得自己拥有的一切都不够。即使客观来看，我已经在生活中的很多方面都做得不错，这种感觉仍然存在。看到其他作家同行的图书销量，我总感觉自己十分落后，好像我从未做得足够好，足以让自己放心地享受成果。通过工作获得收入，然后将这笔钱存起来，我用这样的行为提醒自己离经济自由还很远。而事实是，我何其幸运，还有收入可以存起来。

我们总是不假思索地在完全错误的地方寻找满足感，眼里只有我们不曾拥有的，而忽略了我们已经拥有的。而平静的心态可以将这些不满足转化为感恩。当我们学会珍视眼前的人和事时，我们就会感觉自己拥有的已经足够多了。

尽管在平静心态上投入时间和精力促使我调整生活中的优先事项，但我内心的感受变化得更多。我开始更深入地享受我的生活，因为我更加活在当下。我有了能量、耐力和动力去应对生活中的一切挑战。

贪多心态其实是种错觉，我们渴望的很多东西，彼此之间往往存在冲突。现代社会告诉我们，拥有更多才会带来幸福。**但现代社会是我们最不应该从中寻求幸福建议的地方。因为，现代世界并不幸福。相反，我们需要向内寻求。**

我在平静上的投入越多，我就越享受生活，越快乐。书中所述的这些策略帮助我在日常生活中的大多数时间都感到舒适。焦虑成为偶尔出现的感觉，就像公园里的微风一样瞬息即逝。平静所带来的影响深远且显著。

我希望你能发现我所发现的，无论你是否在追求更多的时间、更多的关注、更充沛的精力、更广的人脉、对生活更深入的思考、更大的自由、更多的认可甚至是更多的金钱，都要记住，真正的富足来自珍视你已经拥有的一切。

建立更深层次的关系

当你开始培养平静的心态时，你可能会体验到的另一个令人激动的好处，即对自己的身心状态有了更清晰的觉察。几乎在一天的每一刻，我们的身体和心灵都在试图向我们传达某些信息，比如我们能量不足（需要休息和恢复），或者我们开始感到疲劳甚至精疲力竭。有时候，我们的身体和大脑会提醒我们已经吃饱了，摄入的咖啡因已经超标了，或者我们需要直面自己的感受而不是再看一集电视剧。有时，它们会提醒我们要心怀感激，要放慢脚步去享受生活，或者要珍惜我们和他人在一起的每一刻，因为我们共度的时间是有限的。我们的觉察越清晰，我们的行动就越有目的性。平静意味着我们的思绪更为宁静，这为我们提供了觉察和反思的空间。

除了这种意识外，达到更深层次的平静还有一个好处：你会变得更有目的意识。这是指你在行动之前就知道自己要做什么。只要给你的思绪多一点儿空间，你就有可能观察到大脑形成意图的过程。可以做一个简单的实验，下次你想听音乐的时候，不要立即选择你常听的播放列表，而是等待几秒钟，直到你的大脑想出你真正想听的那首歌曲。这就是意图形成的感觉。

平静让我们更易察觉自己的意图，从而增强成就感，对抗倦怠。当我们在行动前决定要做什么，行动就会更有成效。通过有意识地选择做什么，并提前做决定，我们会感到行动具有目标，即便我们并不能完全控制工作或生活。我们的付出未变，但心态和认知已变：我们选择面对困难和压力，而不是被动接受。无论我们能控制的程度如何，平静都能为意图的形成提供空间，使我们提前察觉并行动。

通过增强觉察力和目的性，平静进一步在我们生活中占据重要地位。我们可能注意到 Instagram 让我们感到沮丧，并停用该软件几个月，看看感受是否有所不同。在争论中，我们可以更平静地回应，而不是冲动地表达。当我们即将吃饱时，我们能很快注意到，避免情绪化的暴饮暴食。

焦虑会遮蔽我们的觉察力和目的性，平静能够帮我们进行反思并让我们更有决断力。只有心中的尘埃落定，我们看事情的眼光才能变得更清晰。

平静是幸福生活的基石

当我人生的曙光初现时，世界却在逐渐变得一片灰暗。2020 年 3 月，正当我结束第一轮刺激戒断实验并准备重新融入世界的时候，新冠疫情正在迅速蔓延。

对我来说，回想疫情初期的一系列事件，我的记忆已然有些混沌。然而，刺激戒断实验却为忧虑重重的生活带来了一丝轻松，我不再不间断地刷新新闻网站，而是每天早上通过报纸获取新闻简讯，然后开始一天的生活。

直到世界卫生组织将新冠疫情宣布为全球卫生紧急事件，"封锁""隔离""社交距离"逐渐成为新的术语，我必须重新和这个世界建立联系。那时我们都在试图理解如何应对这个充满不确定性的新世界。结束实验后，我回到网络上，发现自己很难将注意力从屏幕上移开，这样的状态持续了很长一段时间。2020年的整个3月和4月，我就像根本没有经历过刺激戒断实验一样，一直紧盯着屏幕，查看哪些活动被取消，病例数如何变化，以及有哪些新的限制措施出台。

在此之前，我已经付出了很多努力，尝试养成平静的习惯并平衡我的思维，让平静在我的生活中有更多的空间来生根发芽。尽管新冠疫情的蔓延让我不得不暂停一些这样的实践，但之前的努力没有白费，当我注意到自己再次感到焦虑时，我能迅速捡起之前就养成的习惯。鉴于世界处于"前所未有"的状态，我认为这是一次胜利。

如果不是因为平静为我创造出了最初的空间，我可能甚至都察觉不到焦虑的加重。我在实验中对自我的彻底改造像一面防护盾，保护我免受这波突如其来的焦虑的冲击。

除了工作和生活的结构性改变，我发现我可以依靠一套坚实有效的平静习惯来对抗渗透在每一处的焦虑。我不再全天候紧盯着互联网新闻的每一次更新，而是又订阅了一份纸质报纸，获取更加全面的国内外新闻。我不再无尽地在社交媒体上滚动，而是选择把时间用于修身养性的运动和冥想。我减少了咖啡因的摄入量，重新潜入纸质书的世界，每天找寻一些值得品味的事物，并与朋友和家人打了很多视频电话，直到大家聊得尽兴为止。与此同时，我也开始积极寻找更多实实在在的爱好，比如摄影、健身以及和妻子一起去徒步。

在所有这些事情之上，我深知需要让时间慢下来，给自己腾出空间去感受和享受一些恬静的瞬间。如果将焦虑比作疾风骤雨，那么平静则如同涓涓细流，充满了耐心和包容。虽然我并非始终都能做到，但我一直努力将这种平静的状态融入我的每一天。

在 2020 年 4 月之后的两年里，平静在我的生活中占据了更重要的位置。如果说有什么收获的话，那就是我发现找到平静是一种我们可以随着时间的推移而提升的技能。

当我写下这些文字时，冬季的雪花正在融化，化为泥泞的雪浆，带走堆叠在褪色落叶上的防滑沙和融雪盐。在室内，远离了大自然的混沌，周围一片静谧。然而，大量工作的截止日期如山一般压在心头（例如，这本书的手稿就要在两周后交付），新闻依然令人忧虑，从表面上看，我的很多工作与我开始这场寻找平静的旅程时相比并没有取得太多的进展。生活和工作的节奏仿佛自然的旋律一样在持续：雪花飘落后又融化，忙碌的时期飞速过去，每个新的生活阶段都给我们带来不同的压力、新奇感和机遇。

然而，在这些日常生活节奏的背后，却隐藏着深层次的变化。

如果现在的我和踏上寻找平静旅程之初的我分别站在山的两侧，可能会描绘出完全不同的景象，虽然我看的是同一座山。这就是寻找平静之前和之后的差异。生活总是快速流转，我们常常被推到心神疲惫的那一侧。尝试寻找平静的策略或许能改变我们的生活环境，但改变我们对环境的理解和看法则会产生更深远的影响。生活的本质或许并未改变，但我们已经学会以更平和、更淡定的心态去审视和理解它。

在深入研究并实践这本书中分享的策略后，我的生活依然忙碌，但大多数时候我已不再感到焦虑。随着环境的变化，我对事物的情绪反应也变得更加沉稳。当我在某一天感到焦虑时，这种感觉更多是暂时的，它被淡化了，通常只是对某些剧烈压力的反应。我已经养成了一种习惯，它像一盏明灯，引领我从焦虑的迷雾走向平静的港湾。每一天，我都感到自己拥有了充足的心理力量，去面对和完成我计划中的所有事情。

在压力过大的时刻，平静像一位无声的伙伴，赋予我力量，让我得以退后一步，在我与即将面临的挑战之间建立一条缓冲带，让我在常人会沦陷于焦虑的情况下找到坚实的立足之地。当然，这并不总是轻而易举的事情，有时甚至我也难以寻找到那宁静的空间。所幸寻找平静是一项技能，我们可以逐步磨练，我们都能学习如何从不同的角度欣赏同一座山的风貌。

我以自己在讲台上的一次恐慌发作的故事开启了本书的篇章，我内心深处的作家灵魂曾期望能有一个激动人心的故事来为本书画上句号，但在经历了寻找平静的旅程后，我得坦诚地告诉你：我其实并不需要了。

平静，不是高潮的喧嚣，而是心灵缓步行进，回归本真的韵律。它是我们日常生活的喧闹下那颗静谧而灵动的心灵的轻唱。

平静，它可能并不总是充满激情，而这也正是它的独特魅力所在。当我们身处寻找平静的过程中，我们其实是在修复自己的精神力量，让我们能够应对并享受生活的无尽刺激。我们的大脑不再习惯于高度兴奋的状态，而是始终保持在平和的状态，始终待命，随时准备应对生活的潮起潮落。

培养平静的习惯就像是在心里种下一棵大树，让我们有足够的庇护来应对新的压力环境。随着慢性压力的减少，我们可以投入更多的精力，专心致志地解决问题，同时也可以在生活中的美好时刻，让心灵沉淀下来。更强的专注力会带来更高的效率，这样我们就有更多的时间去享受生活，同时也可以从一开始就抽出更多的时间来培养平静的习惯。

在这本书中，我尽我所能为你提供了一些在寻求平静之路上的指引、策略和技巧，我坚信，它们会帮助你找到更宽广的内心世界、更鲜活的存在感，以及更高的效率。但在书的尾声，我还想与你一起进行最后一次思考：

如果通往平静的道路是一条真实存在的路，你想象它会是什么样的呢？

我想，这条路一定会穿越于自然之中，而不是穿梭在城市的繁华街道之间。你可能会步履轻盈，心跳渐趋有力。在出发前，你或许已经享受了一顿美味而丰富的餐点，为前方的旅行储备充足的能量。你会在温暖的阳光下，沿着这条蜿蜒曲折的道路，在现实世界里前行，而不是在某个电子游戏的虚拟路径上。你的身边可能还有亲朋好友的陪伴，一路同行。

在这条道路上，你会被悠然自得的感觉环绕，你会沉醉在当下的每一刻，欣赏迈出的每一步。

这次漫步也许需要花费一些时间，但你将会收获活力、耐力和专注力。所有你花费的时间都将会物有所值，甚至会带给你更多的时间。

平静，是幸福生活的源泉。从这个泉眼里涌出的，是效率、专注、洞察力、意图、觉知、自在、幽默、接纳、创造力和感恩。

平静，是我们最自然的存在状态，是我们所有行为和自我认知的支撑，只不过它被我们生活中一层层忙碌的外壳所包裹。随着我们剥去每一层不必要的忙碌外壳，比如精神忙碌、贪多带来的忙碌、长时间工作的忙碌、在超常刺激中的投入、过度的物质积累或者过度追求超出承受极限……生活的本质就会显露出来。

有目标的忙碌使生活变得有价值，没有目标的忙碌使生活缺乏意义。但是，当平静之光照入，我们的生活就会变得更加美好。我希望你也能认同：追求平静是值得的。

在这个繁华躁动的世界中保持自在、专注，当整个世界陷入疯狂时，当无尽的忧虑、困扰和疑惑侵占了我们宝贵的生命时，我们能给予自己的，或许就是平静这份无比珍贵的礼物。

平静，就是构筑美好生活的基石，它是深沉而美好的。

我希望这本书，能帮助你找到那份平静。

每一天，我都为能与这些慷慨仗义、聪明睿智、才华横溢的人并肩工作感到无比幸运。

首先，我要感谢我的妻子艾汀，她所拥有的那些特质使她简直就是完美的化身，与她一同探讨各种想法是我在这个世界上最喜欢的事情。没有她的独特见解、无私支持和真诚反馈，这本书不会有今天的样貌。艾汀，我希望你永远做我的第一个读者。我爱你！

关于本书的出版，我要向美国企鹅出版集团（Penguin Group US）、加拿大兰登书屋（Random House Canada）和英国泛·麦克米伦出版公司（Pan Macmillan UK）的编辑团队致以最大的感谢。里克、克雷格和迈克，能与你们合作，我感到无比荣幸。衷心感谢你们给予我的支持与指导，给我这个机会与他人分享这些想法。

我也很感激能与美国企鹅出版集团、加拿大兰登书屋和泛·麦克米伦的其他员工共事。我要特别感谢美国企鹅出版集团的本·佩特隆（Ben Petrone）、卡米尔·勒布朗（Camille LeBlanc）、萨比拉·卡恩（Sabila Khan）、林恩·巴克利（Lynn Buckley）、莉迪娅·赫特（Lydia Hirt）和布赖恩·塔特（Brian Tart），特别感谢加拿大兰登书屋的休·库鲁维拉（Sue Kuruvilla）和查利斯塔·安达达里（Chalista Andadari），特别感谢英国泛·麦克米伦出版公司的露西·黑尔（Lucy Hale）、娜塔莎·塔利特（Natasha Tulett）、乔茜·特纳（Josie Turner）和斯图尔特·威尔逊（Stuart Wilson）。

同样我要向我的经纪人露辛达·哈尔彭（Lucinda Halpern）致以深深的谢意。露辛达，我不敢相信我们已经成功合作出版了3本书！无论这些项目是否在计划之内，能够与你一起工作是一份无上的礼物。我无比期待未来能与你有更多合作。

这本书之所以能顺利出版，离不开一路上给予我支持和建议的朋友们。感谢阿曼达·佩里奇欧利·勒鲁（Amanda Perriccioli Leroux）对我的无私帮助，特别是在我出差、休假或需要独处的时候，她总是我的坚强后盾。我要向维多利亚·克拉森（Victoria Klassen）和希拉里·达夫（Hilary Duff）表示感谢，感谢他们为本书初稿提供的修改意见和反馈。感谢安娜·纳蒂夫（Anna Nativ）为本书提供的出色设计，感谢瑞安·威尔方（Ryan Wilfong）在我建设新的个人网站时提供的协助。我也要向安妮·博格尔（Anne Bogel）、凯瑟琳·陈（Katherine Chen）、卡米尔·诺埃·帕甘（Camille Noe Pagán）和劳拉·范德卡姆（Laura Vanderkam）说一声"谢谢"，他们的宝贵建议和指导给我留下了深刻的印象。最后，我要感谢戴维、厄尼、迈克·S.（Mike S.）、迈克·V.（Mike V.）和尼克，我很庆幸能与他们建立深厚友谊，而与他们的对话和思想碰撞给我带来了无尽的启发。

我还要向本书注释部分提及的众多研究者表示感谢。这本书的内容是建立在你们所做研究的基础上的，我希望能通过本书使你们的研究成果惠及更多读者。

　　这本书的确是众人共同努力的结晶。

　　感谢我的家人，尤其是我的父母科琳和格伦；感谢我的妹妹埃米莉；感谢杰米、安娜贝尔以及伊莱贾；感谢史蒂夫、海伦妮、摩根、德布、阿方索以及萨拉。

　　最后，我要向亲爱的读者朋友们道一声发自肺腑的"谢谢"。我每一天都觉得自己是世界上最幸运的人，因为我能够把自己觉得有趣的想法付诸笔墨并与人分享。能够坚持做这件事，有赖于你们对我作品的欣赏以及厚爱，我想表达对你们的由衷谢意。我希望读罢本书你会觉得自己付出的时间和精力是值得的。愿这本书能抚平你内心的波澜，抵达心灵平静的彼岸。

未来，属于终身学习者

我们正在亲历前所未有的变革——互联网改变了信息传递的方式，指数级技术快速发展并颠覆商业世界，人工智能正在侵占越来越多的人类领地。

面对这些变化，我们需要问自己：未来需要什么样的人才？

答案是，成为终身学习者。终身学习意味着永不停歇地追求全面的知识结构、强大的逻辑思考能力和敏锐的感知力。这是一种能够在不断变化中随时重建、更新认知体系的能力。阅读，无疑是帮助我们提高这种能力的最佳途径。

在充满不确定性的时代，答案并不总是简单地出现在书本之中。"读万卷书"不仅要亲自阅读、广泛阅读，也需要我们深入探索好书的内部世界，让知识不再局限于书本之中。

湛庐阅读 App: 与最聪明的人共同进化

我们现在推出全新的湛庐阅读 App，它将成为您在书本之外，践行终身学习的场所。

- 不用考虑"读什么"。这里汇集了湛庐所有纸质书、电子书、有声书和各种阅读服务。
- 可以学习"怎么读"。我们提供包括课程、精读班和讲书在内的全方位阅读解决方案。
- 谁来领读？您能最先了解到作者、译者、专家等大咖的前沿洞见，他们是高质量思想的源泉。
- 与谁共读？您将加入优秀的读者和终身学习者的行列，他们对阅读和学习具有持久的热情和源源不断的动力。

在湛庐阅读 App 首页，编辑为您精选了经典书目和优质音视频内容，每天早、中、晚更新，满足您不间断的阅读需求。

【特别专题】【主题书单】【人物特写】等原创专栏，提供专业、深度的解读和选书参考，回应社会议题，是您了解湛庐近千位重要作者思想的独家渠道。

在每本图书的详情页，您将通过深度导读栏目【专家视点】【深度访谈】和【书评】读懂、读透一本好书。

通过这个不设限的学习平台，您在任何时间、任何地点都能获得有价值的思想，并通过阅读实现终身学习。我们邀您共建一个与最聪明的人共同进化的社区，使其成为先进思想交汇的聚集地，这正是我们的使命和价值所在。

CHEERS

湛庐阅读 App
使用指南

读什么
· 纸质书
· 电子书
· 有声书

与谁共读
· 主题书单
· 特别专题
· 人物特写
· 日更专栏
· 编辑推荐

怎么读
· 课程
· 精读班
· 讲书
· 测一测
· 参考文献
· 图片资料

谁来领读
· 专家视点
· 深度访谈
· 书评
· 精彩视频

HERE COMES EVERYBODY

下载湛庐阅读 App
一站获取阅读服务

图书在版编目（CIP）数据

在忙乱的世界找回平静 /（加）克里斯·贝利
（Chris Bailey）著；林文韵，杨田田译 . -- 杭州：浙
江教育出版社，2024.4

ISBN 978-7-5722-6816-8

Ⅰ . ①在… Ⅱ . ①克… ②林… ③杨… Ⅲ . ①情绪—
自我控制—通俗读物 Ⅳ . ① B842.6-49

中国国家版本馆 CIP 数据核字（2024）第 054673 号

上架指导：心理学 / 心理自助

浙 江 省 版 权 局
著作权合同登记号
图字 :11-2024-079号

在忙乱的世界找回平静
ZAI MANGLUAN DE SHIJIE ZHAOHUI PINGJING

［加］克里斯·贝利（Chris Bailey）　著

林文韵　杨田田　译

责任编辑：李　剑
助理编辑：苏心怡
美术编辑：韩　波
责任校对：傅美贤
责任印务：陈　沁
封面设计：章艺瑶
出版发行：浙江教育出版社（杭州市天目山路 40 号）
印　　刷：天津中印联印务有限公司
开　　本：710mm ×965mm 1/16
印　　张：15.25　　　　　　　**字　　数：**217 千字
版　　次：2024 年 4 月第 1 版　　**印　　次：**2024 年 4 月第 1 次印刷
书　　号：ISBN 978-7-5722-6816-8　　**定　　价：**99.90 元

如发现印装质量问题，影响阅读，请致电 010-56676359 联系调换。